U0792007

高职高专土建类建筑工程技术专业课程试题库

工程招投标与合同管理试题库

主　编　谢　颖
副主编　何　芳　潘光翠

中国水利水电出版社
www.waterpub.com.cn

内 容 提 要

本书是在建筑工程技术专业人才培养方案和“工程招投标与合同管理”课程标准的指导下，结合高职高专教育特点，以国家现行规程规范为依据编制的。本试题库共包括七章，分别是：绪论，建设项目招标，建设项目投标，合同法，建筑工程施工合同示范文本，施工合同条件、施工合同的签订与管理，施工索赔。试题库后附试题答案。

本书可作为高职高专院校、高等专科学校、成人教育学院的建筑工程技术、建筑工程管理等专业教学参考用书，满足职业教育双证制的要求，也可供广大专业技术人员作为职业资格考试的参考书。

图书在版编目（CIP）数据

工程招投标与合同管理试题库 / 谢颖主编. -- 北京：中国水利水电出版社，2014.5(2024.6重印)
高职高专土建类建筑工程技术专业课程试题库
ISBN 978-7-5170-2027-1

Ⅰ. ①工… Ⅱ. ①谢… Ⅲ. ①建筑工程－招标－高等职业教育－习题集②建筑工程－投标－高等职业教育－习题集③建筑工程－经济合同－管理－高等职业教育－习题集 Ⅳ. ①TU723-44

中国版本图书馆CIP数据核字(2014)第097662号

书　名	高职高专土建类建筑工程技术专业课程试题库 **工程招投标与合同管理试题库**
作　者	主编　谢颖　副主编　何芳　潘光翠
出版发行	中国水利水电出版社 （北京市海淀区玉渊潭南路1号D座　100038） 网址：www.waterpub.com.cn E-mail：sales@mwr.gov.cn 电话：（010）68545888（营销中心）
经　售	北京科水图书销售有限公司 电话：（010）68545874、63202643 全国各地新华书店和相关出版物销售网点
排　版	中国水利水电出版社微机排版中心
印　刷	北京印匠彩色印刷有限公司
规　格	184mm×260mm　16开本　13印张　308千字
版　次	2014年5月第1版　2024年6月修订　2024年6月第2次印刷
印　数	3001—5000册
定　价	**46.00**元

前　言

为了实现高职高专理论教学考核方式改革，适应无纸化计算机考试的要求，满足学生期末复习应考的需要，帮助学生在学习过程中进行练习和自我检测，强化训练，从而顺利通过考试，本专业改革与指导委员会组织专业骨干教师和教学精英编写了这套《高职高专土建类建筑工程技术专业课程试题库》。本套书共18册，涵盖了建筑工程技术以及建筑工程管理专业的全部课程的理论教学内容，分别为：

《工程测量试题库》
《建筑材料试题库》
《工程CAD试题库》
《工程力学试题库》
《建筑构造试题库》
《工程制图试题库》
《土力学与地基基础试题库》
《钢筋混凝土结构试题库》
《钢结构试题库》
《建筑设备试题库》
《建筑工程施工技术试题库》
《建筑工程施工组织试题库》
《建筑工程计量与计价试题库》
《建筑工程项目管理试题库》
《工程监理试题库》
《建筑工程安全技术试题库》
《建筑工程法律与法规试题库》
《工程招投标与合同管理试题库》

本套题库是在建筑工程技术专业人才培养方案和对应课程标准的指导下，以建筑工程技术专业系列教材和国家现行规程规范为依据编制的，与本专业对应的国家各类职业资格考试相结合，既紧扣教材本身，又不局限于书本；题库题量大，覆盖面广，题目构思精巧，答案准确唯一；采用主观题客观化的方法命题，突出实用性和应用性。

本套题库可作为高职高专院校、高等专科学校、成人教育学院的建筑工程技术、建筑工程管理等专业教学参考用书，满足职业教育双证制的要求，也可供广大专业技术人员作为职业资格考试的参考书。

《工程招投标与合同管理试题库》由安徽水利水电职业技术学院谢颖主编，潘光翠编写第一章～第三章；谢颖编写第四章和第五章；何芳编写第六章和第七章。

本书由安徽水利水电职业技术学院和深圳市斯维尔科技有限公司共同开发，在编写过程中，得到了深圳市斯维尔科技有限公司的大力支持，在此一并表示感谢。限于作者理论水平和实践经验有限，书中难免存在不妥之处，恳请广大读者和同行专家批评指正。

编者

2014年4月

目　　录

第一章　绪　论

1. 下列不属于项目在开工建设之前要切实做好的准备工作的是（　　）。
   A. 征地、拆迁和场地平整　　B. 组织设备、材料订货
   C. 委托建设监理　　D. 择优选定施工单位

2. 在工程建设中，进行征地、拆迁和场地平整，是属于（　　）阶段的工作。
   A. 项目建议书　　B. 可行性研究
   C. 建设准备　　D. 建设实施

3. 按项目规模划分，（　　）是不正确的。
   A. 扩建项目分为大型、中型和小型三类
   B. 恢复项目分为限额以上和限额以下两类
   C. 挖潜工程分为限额以上和限额以下两类
   D. 扩建项目分为大型、中型和两类

4. 下列基本建设项目按投资规模分类的是（　　）。
   A. 筹建项目　　B. 在建项目　　C. 大型项目　　D. 投产项目

5. 下列关于项目按规模分类的说明，正确的是（　　）。
   A. 更新改造项目可以按投资额划分，也可以按生产能力划分
   B. 生产多种产品的项目，一般按投资额划分
   C. 交通部门投资额为 4000 万元的生产性工程项目是大中型项目
   D. 教育部门投资额为 4000 万元的项目为大中型项目

6. 在我国按现行规定，可行性研究报告批准后应当（　　）。
   A. 编制设计文件　　B. 编制年度基本建设投资计划
   C. 选择建设地点　　D. 提出项目建议书

7. 下列工程中属于分项工程的是（　　）。
   A. 电气工程　　B. 屋面工程　　C. 装修工程　　D. 玻璃幕墙工程

8. 对一般工业与民用建筑工程而言，下列工程中属于分项工程的是（　　）。
   A. 钢筋混凝土桩基工程　　B. 给水排水及采暖工程
   C. 装饰装修工程　　D. 木门窗制作与安装工程

9. 工程项目的组成中，（　　）是工程项目施工生产活动的基础，也是计量工程用工用料和机械台班消耗的基本单元。
   A. 分部工程　　B. 单项工程　　C. 分项工程　　D. 单位工程

10．按照国家《建筑工程施工质量验收统一标准》（GB 50300—2013）的规定，工程建设项目可分为（　　）。

A．基本建设项目和更新改造项目

B．单位工程、分部工程和分项工程

C．新建项目、扩建项目、迁建项目和恢复项目

D．生产性建设项目和非生产性建设项目

11．工程项目的组成不包括（　　）。

A．单项工程　B．单位工程　C．分部工程　D．总部工程

12．工程项目管理是指组织运用系统工程的观点、理论、（　　）对工程项目周期内的所有工作进行计划、组织、指挥、协调和控制的过程。

A．设计　B．施工　C．方法　D．预测

13．在一定的约束条件下，为达到项目目标而对项目所实施的计划、组织、指挥、协调和控制的过程是（　　）。

A．项目管理　B．项目规划　C．项目分析　D．项目设计

14．工程项目管理是指（　　）运用系统工程的观点、理论和方法对工程建设项目生命周期内的所有工程的系统运动过程进行计划、组织、协调和控制。

A．在一定约束条件下　B．通过项目经理

C．通过一定的组织　D．在一个总体设计下

15．按投资作用不同，工程建设项目可分为生产性建设项目和非生产性建设项目两大类。下列项目中属于非生产性建设项目的是（　　）。

A．邮电业、通信业建设项目　B．渔业建设项目

C．综合技术服务事业建设项目　D．咨询服务建设项目

16．下列不属于非生产性工程项目的是（　　）。

A．办公用房　B．公共建筑　C．居住建筑　D．商业建设项目

17．政府投资的水利、电力、铁路等项目属于（　　）。

A．经营性项目　B．公益性项目　C．福利性项目　D．竞争性项目

18．工程项目是按照一个总体设计建设的，可以形成生产能力或使用价值的若干单位工程的总体，这是工程项目的（　　）特点的体现。

A．投资额大　B．固定性　C．整体性强　D．实用性

19．项目作为被管理的对象，具有的特征包括（　　）。

A．有利润　B．竞争激烈　C．具有生命周期　D．项目的负责性

20．按照我国现行规定，大中型工程项目的建设程序不包括（　　）阶段。

A．项目建议书　B．可行性研究

C．项目谈判　D．施工安装

21．在我国，重大项目的设计工作不包括（　　）阶段。

A．初步设计　　B．施工图设计　　C．技术设计　　D．概念设计

22．具备独立施工条件并能形成独立使用功能的建筑物及构筑物为一个（　　）。

A．单位工程　　B．分部工程　　C．分项工程　　D．基本建设项目

23．某中学实验楼的土建工程属于（　　）。

A．单项工程　　B．单位工程　　C．建设项目　　D．分项工程

24．某工程有独立设计的施工图纸和施工组织设计，但建成后不能独立发挥生产能力，此工程应属于（　　）。

A．分部工程　　B．单项工程　　C．分项工程　　D．单位工程

25．某中学实验楼的安装工程属于（　　）。

A．单项工程　　B．单位工程　　C．建设项目　　D．分项工程

26．（　　）批准后，建设项目才算正式立项。

A．项目建设书　　B．可行性研究报告

C．初步设计　　D．开工报告

27．在我国，按现行规定，可行性研究报告批准后，应当（　　）。

A．编制设计文件　　B．编制年度基本建设投资计划

C．选择建设地点　　D．提出项目建议书

28．对一般工业与民用建筑工程而言，下列工程中属于子分部工程的是（　　）。

A．土方开挖工程　　B．砖砌体工程

C．地下防水工程　　D．土方回填工程

29．某大型商场的桩基础工程属于（　　）。

A．建设项目　　B．单项工程　　C．分部工程　　D．单位工程

30．下列工程中，属于分部工程的是（　　）。

A．土方开挖工程　　B．电梯工程

C．玻璃幕墙工程　　D．模板工程

31．对于一般工业与民用建筑工程而言，下列工程中，属于分部工程的是（　　）。

A．砌体工程　　B．幕墙工程　　C．钢筋工程　　D．电梯工程

32．对于一般工业项目的办公楼而言，下列工程中属于分部工程的是（　　）。

A．土方开挖与回填工程　　B．通风与空调工程

C．玻璃幕墙工程　　D．门窗制作与安装工程

33．工程项目的组成中，（　　）是单位工程的组成部分，应按专业性质、建筑部位确定。

A．子分项工程　　B．单项工程　　C．分项工程　　D．分部工程

34．（　　）不属于生产性建设项目。

A．通信建设　　B．综合技术服务事业的建设
C．水利建设　　D．金融保险等建设

35．下列不属于生产性建设项目的是（　）。
A．运输工程项目　　B．能源工程项目
C．物质文化生活需要的项目　　D．工业工程项目

36．下列建设项目不是按照性质不同划分的是（　）。
A．新建项目　B．扩建项目　C．筹建项目　D．迁建项目

37．不属于按建设项目性质的分类是（　）。
A．扩建项目　B．在建项目　C．改建项目　D．迁建项目

38．按行业性质和特点对建设项目进行分类时，不包括（　）。
A．竞争性项目　B．基础性项目　C．营利性项目　D．公益性项目

39．一栋教学办公综合楼属于（　）。
A．单项工程　B．分部工程　C．建设项目　D．单位工程

40．作为建设工程项目的组成部分，具有独立的设计文件，竣工后可以独立发挥生产能力或效益的一组配套齐全的工程项目是（　）。
A．分部工程　B．单项工程　C．分项工程　D．单位工程

41．在一个工程项目中，具有独立的设计文件、竣工后可以独立发挥生产能力或效益的一组配套齐全的工程项目为（　）。
A．建筑工程　B．土木工程　C．工业项目　D．单项工程

42．工程项目的组成中，（　）是指具备独立施工条件并能形成独立使用功能的建筑物及构筑物。
A．分部工程　B．单位工程　C．单项工程　D．分项工程

43．下列不属于单项工程的是（　）。
A．地基与基础工程　　B．土建工程
C．设备安装工程　　D．工业管道工程

44．工程项目建设程序中的各个阶段（　）。
A．无严格的先后次序　　B．不能进行交叉
C．不能任意颠倒次序　　D．不能相互制约

45．建设程序，是指____在整个建设过程中，各项工作____的先后顺序。（　）
A．建设项目；可能遵循　　B．建设工程；必须遵循
C．建设项目；必须遵循　　D．建设工程；可能遵循

46．（　）经批准后，建设项目并不一定非上不可。
A．项目建议书　　B．可行性研究报告

C．初步设计　　D．项目新开工计划

47．工程项目管理是以（　　）为核心的管理活动。

A．项目经理　　B．一定的组织形式

C．工程项目目标控制　　D．实现投资效益

48．下列工程项目中不属于公益性项目的是（　　）。

A．某法院办公设施　　B．某社会团体办公设施

C．旅游区恢复工程　　D．国防建设

49．在实际工作中，往往从效益后评价及（　　）方面对建设项目进行后评价。

A．立项决策评价　　B．影响后评价

C．生产运营前景　　D．过程后评价

50．关于项目后评价的说法，错误的是（　　）。

A．项目后评价是工程项目竣工阶段管理的延伸

B．效益后评价包括经济效益后评价、环境效益后评价和社会效益后评价

C．项目后评价的基本方法是对比法

D．过程后评价是为了提高项目的投资管理水平并为投资决策服务

51．工程项目的项目后评价是固定资产投资管理的最后一个环节，项目后评价的基本方法是（　　）。

A．对比法　　B．影响评价法　　C．效益评价法　　D．过程评价法

52．项目后评价是工程项目实施阶段管理的延伸，而项目效益后评价是项目后评价的重要组成部分。下列不是项目效益后评价的内容的是（　　）。

A．经济效益后评价　　B．环境效益后评价和社会效益后评价

C．政治效益后评价　　D．项目可持续性后评价

53．按照投资作用划分，工程项目可分为生产性工程项目和（　　）。

A．建设工程项目　　B．更新改造项目

C．基础设施工程项目　　D．非生产性工程项目

54．按投资作用划分，工程项目可分为非生产性工程项目和（　　）。

A．生产性工程项目　　B．竞争性项目

C．基础性项目　　D．公益性项目

55．以下按照投资作用进行建设工程项目分类的是（　　）。

A．生产性建设项目和非生产性建设项目

B．限额以上项目和限额以下项目

C．政府投资项目和非政府投资项目

D．竞争性项目、基础性项目和公益性项目

56．施工单位项目管理的目标体系不包括工程施工（　　）。

A．质量　　B．成本　　C．工期　　D．合同

57．工程项目管理的类型不包括（　　）。
A．设计方的项目管理　　B．施工方的项目管理
C．监理方的项目管理　　D．供贷方的项目管理

58．下列不属于工程项目管理类型的是（　　）。
A．业主方的项目管理　　B．工程总承包方的项目管理
C．设计方的项目管理　　D．监理方的项目管理

59．若干单项工程是否同属于一个建设项目，取决于（　　）。
A．建设投资　　B．施工地点　　C．总体设计　　D．建设工期

60．下列建设项目属于改建项目的是（　　）。
A．根据国民经济和社会发展的近远期规划的项目
B．在原有业务系统的基础上扩大规模而新增的项目
C．为环境保护的工程项目
D．根据自身生产经营和事业发展的要求或其他要求搬迁到异地而建设的工程项目

61．下列关于工程建设项目论述不正确的是（　　）。
A．独立施工条件并能形成独立使用功能的建筑物及构筑物为一个单位工程
B．工程是建筑物按单位工程的部位、专业性质划分的
C．一般是按主要工种、材料、施工工艺、设备类别等进行划分
D．工程较大或较复杂时，可按专业系统及类别等划分为若干分项工程

62．下列基本建设项目中，在国家统一下达的计划中，可以作为大中型项目的是（　　）。
A．甲市广播电视大学的新建大型项目
B．乙市在三峡库区兴建的特大型城市污水处理厂项目
C．丙市名胜古迹的大规模修整复建项目
D．丁市某国有农场的大型新建项目

63．对于实施核准制或登记备案制的项目，为了保证企业投资决策的质量应编制（　　）。
A．项目建议书　　B．可行性研究报告
C．项目评估分析　　D．咨询评估报告

64．下列不属于工程项目按投资效益和市场需求划分的是（　　）。
A．竞争性项目　　B．政府投资项目
C．基础性项目　　D．公益性项目

65．按项目的经济效益和市场需求不同，工程项目可划分为竞争性项目、基础性项目和（　　）。
A．农业建设项目　　B．工业建设项目
C．生产性建设项目　　D．公益性项目

66．按（　　）划分，工程项目可分为新建项目、扩建项目、改建项目、迁建项目和恢复项目。

A．投资作用　　B．建设性质　　C．项目规模　　D．项目的经济效益

67．论述建设的必要性、建设条件的可行性和获利的可能性，供国家选择并确定是否进行下一步工作的是（　　）。

A．项目建议书　　B．项目评估　　C．投资估算　　D．可行性研究报告

68．以下关于项目建议书的说法中，不正确的是（　　）。

A．项目建议书经批准后，可以进行详细的可行性研究工作，但并不表明项目非上不可

B．经过批准的项目建议书是项目的最终决策

C．企业不需要编制项目建议书而可直接编制可行性研究报告

D．项目建议书的主要作用是推荐一个拟建项目，供国家选择并确定是否进行下一步工作

69．按（　　）划分，工程项目可划分为政府投资项目和非政府投资项目。

A．项目的投资来源　　B．项目的市场需求

C．项目的规模　　D．投资的作用

70．工程项目的设计工作一般划分为两个阶段，即（　　）。

A．初步设计和施工图设计　　B．初步设计和技术设计

C．技术设计和施工图设计　　D．技术设计和人员安全设计

71．根据《国务院关于投资体制改革的决定》，政府投资项目实行（　　）。

A．审批制　　B．核准制　　C．报告制　　D．备案制

72．按照我国现行规定，不符合政府投资项目建设程序的是（　　）。

A．根据可行性研究报告，编制设计文件

B．生产运营两年后，进行项目后评价

C．初步设计经批准后，做好施工前的各项准备工作

D．根据咨询评估情况，对工程项目进行决策

73．工程项目经批准新开工建设，项目即进入（　　）阶段。

A．建设准备　　B．生产准备　　C．施工安装　　D．竣工验收

74．下列项目不属于恢复项目的是（　　）。

A．因自然灾害或战争使原有固定资产报废，需要进行投资重建的工程项目

B．对尚未建成投产或交付使用的工程项目受到破坏后，需按原设计重建的工程项目

C．因战争使原有固定资产部分报废，需要进行投资重建的工程项目

D．有企业为扩大产品的生产能力或增加经济效益而增建的工程项目

75．下列不属于工程项目管理的任务的是（　　）。

A．合同管理　　B．组织协调　　C．目标控制　　D．制度建设

76．下列关于工程项目组成的说法，正确的是（　　）。

A．具有独立的设计文件，并能形成独立使用功能的建筑物及构筑物称为单项工程
B．具备独立的施工条件，竣工后可以独立发挥生产能力或效益的工程项目称为单位工程
C．电梯工程是分项工程
D．计量工程用工用料及机械台班消耗的基本单元是分项工程

77．以下属于建设项目的是（　　）。
A．某一办公楼的土建工程　　B．某一化工厂
C．某一教学楼的安装工程　　D．某一教学楼的装修工程

78．项目管理人员在不断变化的动态环境中为保证既定计划目标的实现而进行的一系列检查和调整活动的过程是（　　）。
A．组织协调　　B．目标控制　　C．风险管理　　D．信息管理

79．项目管理的目的就是保证（　　）的实现。
A．项目计划　　B．项目目标　　C．项目指挥　　D．项目协调

80．下列不属于市场的构成要素的是（　　）。
A．市场主体　　B．市场客体　　C．市场规则　　D．市场容量

81．下列不属于建筑市场的特点的是（　　）。
A．建筑市场范围广，市场大　　B．建筑市场的交换关系复杂
C．建筑产品交易的长期性和阶段性　　D．建筑产品的可逆性

82．建筑市场主体由三部分组成，下列不属于该组成的是（　　）。
A．建筑产品需求者　　B．建筑产品生产者
C．建筑产品　　D．建筑中介组织

83．（　　）不属于建筑市场的运行机制。
A．价格机制　　B．竞争机制　　C．供求机制　　D．共存机制

84．建筑法规立法的基本原则是指建设立法时所必须遵循的基本准则及要求，下列不属于该基本准则的是（　　）。
A．遵循市场经济规律原则　　B．权责利相一致原则
C．公平原则　　D．法制统一原则

85．（　　）不属于建设法规的作用。
A．保护建筑产品　　B．规范指导建设行为
C．保护合法建设行为　　D．处罚违法建设行为

86．《中华人民共和国建筑法》于（　　）颁布。
A．1997.11.1　　B．1997.9.1　　C．1999.11.1　　D．1999.9.1

87．（　　）全国人大通过了《中华人民共和国招标投标法》。
A．1999.8.1　　B．1999.8.30　　C．1999.9.1　　D．1999.9.30

第二章　建设项目招标

1．下列关于联合体投标工程建设项目的说法中，不正确的是（　　）。

A．联合体投标应当以一个投标人的身份共同投标

B．组成联合体的成员可以是法人、其他组织或者自然人

C．联合体各方必须签订共同投标协议且需附在联合投标文件中提交

D．联合体各方签订共同投标协议后不得再以自己的名义单独投标

2．下列关于联合体构成的表述中，不正确的是（　　）。

A．两个以上法人或者其他组织可以组成一个联合体，以一个投标人的身份共同投标

B．联合体所有成员可授权其牵头人代表所有联合体成员负责投标和合同实施阶段的主办、协调工作

C．联合体对外以一个投标人的身份共同投标，联合体中标的，联合体各方应当共同与招标人签订合同，就中标项目向招标人承担有限责任

D．对于政府采购的货物和服务招标项目，组成联合体的成员应是两个以上的供应商

3．甲、乙两个工程承包单位组成施工联合体投标，参与竞标某房地产开发商的住宅工程，则下列说法错误的是（　　）。

A．甲、乙两个单位以一个投标身份参与投标

B．如果中标，甲、乙两个单位应就中标项目向该房地产开发商承担连带责任

C．如果中标，甲、乙两个单位应就各自承担部分与该房地产开发商签订合同

D．如在履行合同中乙单位破产，则甲单位应当承担原由乙单位承担的工程任务

4．根据《工程建设项目施工招标投标办法》中对于联合体投标的规定，下列说法错误的是（　　）。

A．联合体参加资格预审并获通过的，其组成的任何变化都必须在提交投标文件截止之日前征得招标人的同意

B．联合体各方必须指定牵头人，并应当向招标人提交由联合体成员牵头人签署的授权书

C．联合体投标时，以联合体中牵头人名义提交的投标保证金，对联合体各成员具有约束力

D．联合体投标的，联合体各方必须指定牵头人，授权其代表所有联合体成员负责投标和合同实施阶段的主办、协调工作

5．甲、乙两个工程承包单位组成施工联合体投标，参与竞标某房地产开发商的住宅工程，则下列说法错误的是（　　）。

A．甲、乙两个单位以一个投标人的身份参与投标

B．如果中标，甲、乙两个单位应就各自承担的部分与房地产开发商签订合同

C．如果中标，甲、乙两个单位应就中标项目向该房地产开发商承担连带责任

D．如果在履行合同中乙单位破产，则甲单位应当承担原由乙单位承担的工程任务

6．关于联合体投标，下列表述中正确的是（　　）。

A．联合体中应当至少有一方具备承担招标项目的相应能力

B．由同一专业的单位组成的联合体，按照资质等级较高的单位确定资质等级

C．联合体内部应当签订共同投标协议，并将共同投标协议连同投标文件一并提交招标人

D．联合体中标的，联合体应当指定一方与招标人签订合同

7．根据《中华人民共和国招标投标法》规定，投标联合体（　　）。

A．可以牵头人的名义提交投标保证金　　B．必须由相同专业的不同单位组成

C．各方应在中标后签订共同投标协议　　D．是各方合并后组建的投标实体

8．甲、乙两家为同一专业的工程承包公司，其资质等级依次为一级、二级。两家组成联合体，共同投标一项工程，该联合体资质等级应（　　）。

A．以甲公司的资质为准　　B．以乙公司的资质为准

C．由主管部门重新评定资质　　D．以该工程所要求的资质为准

9．甲、乙两家公司必须指定牵头人，并授权其代表所有联合体成员负责投标和合同实施阶段的（　　）。

A．对外联系工作　　B．签约、审批工作

C．合同谈判工作　　D．主办、协调工作

10．某省地税局办公楼扩建工程项目招标，10多家单位参与竞标，根据《中华人民共和国招标投标法》关于联合体投标的规定，下列说法不正确的是（　　）。

A．单位资质不够，可以与别的单位组成联合体参与竞标

B．两单位组成联合体投标，它们应当签订共同投标协议

C．两单位构成联合体，它们签订的共同投标协议应当提交招标人

D．两单位构成联合体，两家单位对投标人承担连带责任

11．投标人对已发出的投标文件进行补充、修改或者撤回的，应当在（　　）前，补充、修改的内容为投标文件的组成部分。

A．20天　　B．投标截止时间

C．投标预备会　　D．7天

12．公开招标的程序有：①成立招标组织；②发布招标公告；③编制招标文件和标底；④组织投标单位踏勘现场，并对招标文件答疑；⑤对投标单位进行资格预审，并将审查结果通知各申请投标者；⑥发售招标文件。下列招标程序排序正确的是（　　）。

A．①②③⑤④⑥　　B．①③②⑥⑤④

C．①③②⑤⑥④　　D．①⑤⑥②③④

13．《中华人民共和国招标投标法》于（　　）起开始实施。

A．2000年7月1日　　B．1999年8月30日

C．2000 年 1 月 1 日　　　　D．1999 年 10 月 1 日

14．开标应当在招标文件确定的提交投标文件截止时间的（　　）进行。

A．当天公开　　　　B．当天不公开

C．同一时间公开　　　　D．同一时间不公开

15．《中华人民共和国招标投标法》规定，开标时间应为（　　）。

A．提交投标文件截止时间　　　　B．提交投标文件截止时间的次日

C．提交投标文件截止时间的 7 日后　　　　D．其他约定时间

16．招标信息公开是相对的，对于一些需要保密的事项是不可以公开的。例如，（　　）在确定中标结果之前就不可以公开。

A．评标委员会成员名单　　　　B．投标邀请书

C．资格预审公告　　　　D．招标活动的信息

17．根据《中华人民共和国招标投标法》的有关规定，招标人和中标人应当自中标通知书发出之日起（　　）内，按照招标文件和中标人的投标文件订立书面合同。

A．10 日　　B．15 日　　C．30 日　　D．3 个月

18．某招标人于 2007 年 4 月 1 日向中标人发出了中标通知书。根据相关法律规定，招标人和中标人应在（　　）前订立书面合同。

A．2007 年 4 月 15 日　　　　B．2007 年 5 月 1 日

C．2007 年 5 月 15 日　　　　D．2007 年 6 月 1 日

19．根据《中华人民共和国招标投标法》的规定，招标人和中标人按照招标文件和中标人的投标文件订立书面合同的完成时间，应当自中标通知书发出之日起（　　）日内完成。

A．15　　B．30　　C．45　　D．60

20．投标文件中总价金额与单价金额不一致的，应（　　）。

A．以单价金额为准　　　　B．以总价金额为准

C．由投标人确认　　　　D．由招标人确认

21．某建设单位进行办公楼项目招标，则该项目的评标工作由（　　）来完成。

A．该建设单位的领导　　　　B．该建设单位的上级主管部门

C．当地的政府部门　　　　D．该建设单位依法组建的评标委员会

22．评标委员会为____人以上的单数，评标委员会中技术、经济等方面的专家不得少于成员总数的____。（　　）

A．5；2/3　　B．7；4/5　　C．5；1/3　　D．3；2/3

23．评标委员会中，技术、经济等方面的专家不得少于成员总数的（　　）。

A．3/5　　B．4/5　　C．1/3　　D．2/3

24．在不违反《中华人民共和国招标投标法》有关规定的条件下，评标委员会的总成员数

是9人，则该评标委员会中技术、经济等方面的专家应不少于（　　）人。

A．3　　B．4　　C．5　　D．6

25．某工程项目在估算时算得成本是900万元人民币，概算时算得成本是850万元人民币，预算时算得成本是800万元人民币，投标时某承包商根据自己企业定额算得成本是700万元人民币，则根据《中华人民共和国招标投标法》中规定“投标人不得以低于成本的报价竞标”。该承包商投标时报价不得低于（　　）万元人民币。

A．900　　B．850　　C．800　　D．700

26．《工程建设项目招标范围和规模标准规定》中规定勘察、设计、监理等服务的采购，单项合同估算价在（　　）万元人民币以上的，必须进行招标。

A．20　　B．100　　C．150　　D．50

27．《工程建设项目招标范围和规模标准规定》中规定重要设备、材料等货物的采购，单项合同估算价在（　　）万元人民币以上的，必须进行招标。

A．20　　B．50　　C．150　　D．100

28．《工程建设项目招标范围和规模标准规定》中规定施工单项合同估算价在（　　）万元人民币以上的，必须进行招标。

A．200　　B．100　　C．150　　D．250

29．《工程建设项目招标范围和规模标准规定》中规定重要设备、材料等货物的采购，单项合同估算价在（　　）万元人民币以上的，必须进行招标。

A．200　　B．100　　C．2000　　D．50

30．《工程建设项目招标范围和规模标准规定》中规定项目总投资额在（　　）万元人民币以上的，必须进行招标。

A．2000　　B．3000　　C．1000　　D．4000

31．招标人对招标文件所做的任何澄清或修改，须报建设行政主管部门备案，并在投标截止日期（　　）日前发给获得招标文件的投标人。

A．5　　B．7　　C．10　　D．15

32．按照《中华人民共和国招标投标法》规定，招标人对已发出的招标文件的澄清与修改，应当在提交投标文件截止时间至少（　　）日前通知所有购买招标文件的潜在投标人。

A．10　　B．15　　C．30　　D．45

33．根据我国《中华人民共和国招标投标法》规定，招标人需要对发出的招标文件进行澄清或修改时，应当在招标文件要求提交投标文件的截止时间至少（　　）天前，以书面形式通知所有招标文件收受人。

A．10　　B．15　　C．20　　D．30

34．按《中华人民共和国招标投标法》的规定，招标人对已发出的招标文件的澄清和修改，应当在提交投标文件截止时间至少（　　）日前通知所有购买招标文件的潜在投标人。

A．15　　B．30　　C．45　　D．60

35．根据《中华人民共和国招标投标法》的规定，招标人对已发出的招标文件进行必要的澄清或者修改的，应当在招标文件要求提交投标文件截止时间至少（　　）日前，以书面形式通知所有招标文件收受人。

A．10　　B．15　　C．20　　D．25

36．招标人对已发出的招标文件进行必要的澄清或者修改的，应以书面形式通知所有招标文件收受人，通知的时间应在要求提交投标文件截止时间至少（　　）日前。

A．5　　B．10　　C．15　　D．20

37．招标文件、图纸和有关技术资料发放给通过资格预审获得投标资格的投标单位。投标单位应当认真核对，核对无误后以（　　）形式予以确认。

A．会议　　B．电话　　C．口头　　D．书面

38．提交投标文件的投标人少于（　　）个的，招标人应当依法重新招标。

A．2　　B．3　　C．4　　D．5

39．按照《中华人民共和国招标投标法实施条例》（国务院令第613号）的规定，资格预审结束后，通过资格预审的人少于（　　）个的，应当重新招标。

A．3　　B．5　　C．6　　D．7

40．投标人少于3个或者所有投标被否决的，招标人应当依法（　　）。

A．重新招标　　B．重新开标

C．重新组织专家评标　　D．重新备案本文

41．依照相关规定：除了建设项目（　　），经项目主管部门批准，可以不进行招标。

A．与科技、教育、文化相关的　　B．勘察、设计采用专有技术的

C．建筑艺术造型有特殊要求的　　D．勘察、设计采用特定专利的

42．根据《工程建设项目施工招标投标办法》的规定，对于需要审批的工程建设项目，经批准可以不进行施工招标的情形有（　　）。

A．拟公开招标的费用与项目价值相比不值得招标

B．施工主要技术采用特定专利或专有技术

C．当地投标企业较少

D．军队建设项目

43．下列除（　　）外等特殊情况，不适宜进行招标的项目，按照国家规定可以不进行招标。

A．涉及国家安全、国家秘密项目

B．抢险救灾项目

C．利用扶贫资金实行以工代赈，需要使用农民工等特殊情况

D．生态环境保护项目

44．下列不属于招投标活动应遵循的基本原则的是（　　）。

A．公开　　B．公平　　C．公正　　D．自愿

45．下列不属于《中华人民共和国招标投标法》规定招标投标活动应当遵循的原则的是（　　）。

A．公开　　B．合法　　C．公平　　D．诚实信用

46．我国《中华人民共和国招标投标法》规定，开标时由（　　）检查投标文件密封情况，确认无误后当众拆封。

A．招标人　　B．投标人或投标人推选的代表

C．评标委员　　D．地方政府相关行政主管部门

47．下列评标委员会成员中，符合《中华人民共和国招标投标法》规定的是（　　）。

A．甲：由招标人从省人民政府有关部门提供的专家名册的专家中确定

B．乙：现任某公司法定代表人，该公司常年为某投标人提供建筑材料

C．丙：从事招标工程项目领域工作满10年并具有中级职称

D．丁：在开标后，中标结果确定前将自己担任评标委员会成员的事告诉了某投标人

48．工程建设项目公开招标的范围不包括（　　）。

A．全部或者部分使用国有资金投资或者国家融资的项目

B．施工单项合同估算价在100万元人民币以上的项目

C．关系社会公共利益、公众安全的大型基础设施项目

D．使用国际组织或者外国政府资金的项目

49．下列施工项目不属于必须招标范围的是（　　）。

A．大型基础设施项目　　B．使用世界银行贷款建设项目

C．政府投资的经济适用房建设项目　　D．施工主要技术采用特定专利的建设项目

50．按照《中华人民共和国招标投标法》及相关规定，必须进行施工招标的工程项目是（　　）。

A．施工企业在其施工资质许可范围内自建自用的工程

B．属于利用扶贫资金实行以工代赈需要使用农民工的工程

C．施工主要技术采用特定的专利或者专有技术工程

D．经济适用房工程

51．按照《工程建设项目施工招标投标办法》的规定，需要审批的工程建设项目，除（　　）情形外，经审批部门批准，可以不进行施工招标。

A．施工主要技术采用特定的专利或者专有技术的

B．施工企业自建自用的工程，且该施工企业资质等级符合工程要求的

C．属于利用扶贫资金实行以工代赈需要使用农民工的

D．在建工程追加的附属工程，原中标人不具备承包能力的

52．根据《中华人民共和国招标投标法》及有关规定，下列项目不属于必须招标的工程建设项目范围的是（　　）。

A．某城市的地铁工程　　B．国家博物馆的维修工程

C．某省的体育馆建设项目　　D．张某给自己建的别墅

53．采用邀请招标方式的，招标人应当向（　　）家以上具备承担施工招标项目的能力、资信良好的特定法人或者其他组织发出投标邀请书。

A．3　　B．4　　C．5　　D．7

54．《中华人民共和国招标投标法》规定："招标人采用邀请招标方式，应当向（　　）个以上具备承担招标项目的能力、资信良好的特定的法人或者其他组织发出投标邀请书。"

A．二　　B．三　　C．四　　D．五

55．甲、乙工程承包单位组成施工联合体参与某项目的投标，中标后联合体接到中标通知书，但尚未与招标人签订合同，联合体投标时提交了5万元投标保证金。此时两家单位认为该项目盈利太少，于是放弃该项目，对此，《中华人民共和国招标投标法》的相关规定是（　　）。

A．5万元投标保证金不予退还

B．5万元投标保证金可以退还一半

C．若未给招标人造成损失，投标保证金可退还

D．若未给招标人造成损失，投标保证金可以退还一半

56．下列选项中，投标人之间串通投标的行为是（　　）。

A．甲、乙、丙、丁四家单位参加竞标，在竞标过程中均高价投标

B．甲、乙、丙、丁四家单位参加竞标，在竞标前四家单位先进行内部竞价，选定丙单位为中标人后，再参加投标

C．甲、乙、丙、丁四家单位参加竞标，招标人向甲单位泄漏了标底

D．甲、乙、丙、丁四家单位参加竞标，乙单位为中标向招标人某国税局的局党委书记行贿

57．依法必须进行招标的项目，自招标文件开始发出之日起至投标人提交投标文件截止之日止，最短不得少于（　　）日。

A．7　　B．10　　C．15　　D．20

58．《中华人民共和国招标投标法》第24条规定："依法必须进行招标的项目，自招标文件开始发放之日起至投标人提交投标文件截止之日止，最短不得少于（　　）日"。

A．10　　B．15　　C．20　　D．7

59．招标人应当确定投标人编制投标文件所需要的合理时间；但是，依法必须进行招标的项目，自招标文件开始发出之日起至投标人提交投标文件截止之日止，最短不得少于（　　）日。

A．10　　B．15　　C．20　　D．25

60．投标保证金一般不得超过投标总价的____，但最高不得超过____万元人民币。（　　）

A．1%；80　　B．2%；80　　C．1%；100　　D．2%；100

61. 根据《中华人民共和国招标投标法》的规定，投标保证金最高不得超过（　　）万元人民币。

A. 30　　B. 50　　C. 80　　D. 100

62. 根据《中华人民共和国招标投标法实施条例》（国务院令第613号）的规定，投标保证金不得超过招标项目估算价的（　　）。

A. 1%　　B. 2%　　C. 3%　　D. 5%

63. 投标保证金一般不得超过投标总价的____，但最高不得超过____万元人民币。（　　）

A. 2%；80　　B. 3%；80　　C. 2%；60　　D. 3%；60

64. 按照《中华人民共和国招标投标法实施条例》（国务院令第613号）的规定，投标保证金不得超过招标项目（　　）。

A. 估算价的1%　　B. 估算价的2%　　C. 结算价的1%　　D. 结算价的2%

65. 评标委员会在对实质上响应招标文件要求的投标进行报价评估时，除招标文件另有约定外，应当按下述原则进行修正：用数字表示的金额与用文字表示的金额不一致时，以（　　）为准。

A. 数字金额　　B. 文字金额

C. 数字金额与文字金额中小的　　D. 数字金额与文字金额中大的

66. 公开招标是指招标人以公开发布招标公告的方式邀请（　　）的，具备资格的投标人参加投标，并按《中华人民共和国招标投标法》和有关招标投标法规、规章的规定，择优选定中标人。

A. 特定　　B. 全国范围内　　C. 专业　　D. 不特定

67. 招标人以招标公告的方式邀请不特定的法人或者组织来投标，这种招标方式称为（　　）。

A. 公开招标　　B. 邀请招标　　C. 议标　　D. 定向招标

68. 招标文件应当载明投标有效期，投标有效期从（　　）起计算。

A. 发布招标公告　　B. 发售招标文件

C. 提交投标文件截止日　　D. 投标报名

69. 招标文件应当规定一个适当的投标有效期，以保证招标人有足够的时间完成评标和与中标人签订合同。在此时间内，投标人有义务保证投标文件的有效性。投标有效期的起始计算时间为（　　）。

A. 投标人提交投标文件截止之日　　B. 招标人确定评标之日

C. 投标人接到招标文件之日　　D. 招标文件开始发出之日

70. 中标人应当就分包项目向招标人负责，接受分包的人就分包项目承担（　　）。

A. 法律责任　　B. 民事责任　　C. 单位责任　　D. 连带责任

71.《中华人民共和国招标投标法》规定，评标应由（　　）依法组建的评标委员会负责。

A．地方政府相关行政主管部门　　B．招标代理人
C．中介机构　　D．招标人

72．中标人不按照招标文件的规定提交履约担保的，将失去订立合同的资格，其提交的投标担保（　　）。
A．退还一部分　　B．全部退还
C．不退还　　D．不退还并且追加罚金

73．《中华人民共和国招标投标法》第 28 条规定："招标人收到投标文件后，应当（　　），不得开启。在招标文件要求提交投标文件的截止时间后送达的投标文件，招标人应当拒收。"
A．登记备案　　B．签收送审　　C．集中上报　　D．签收保存

74．投标预备会结束后，由招标人（招标代理人）整理会议纪要和解答的内容，将以书面形式将所有问题及解答向（　　）发放。
A．所有潜在的投标人　　B．所有获得招标文件的投标人
C．所有申请投标的投标人　　D．所有资格预审合格的投标人

75．投标人对招标文件或者在现场踏勘中如果有疑问或不清楚的问题，应当用（　　）的形式要求招标人予以解答。
A．书面　　B．电话　　C．口头　　D．会议

76．招标文件应当包括所有实质性要求和条件以及拟签订合同的主要条款，不包括（　　）。
A．招标工程的报批文　　B．招标项目的技术要求
C．对投标人资格审查的标准　　D．投标报价要求

77．下列不属于招标文件内容的是（　　）。
A．投标邀请书　　B．设计图纸
C．合同主要条款　　D．财务报表

78．《评标委员会和评标方法暂行规定》中规定的废标不包括（　　）。
A．以虚假方式谋取中标　　B．提供了不完整的技术信息
C．拒不对投标文件澄清和说明　　D．拒不对投标文件改正

79．不属于评标委员会应当否决其投标情形的是（　　）。
A．投标文件未经投标单位盖章和单位负责人签字
B．未按规定的格式填写的投标文件
C．投标人不符合招标文件规定的资格条件
D．投标联合体没有提交共同投标协议

80．下列不属于《工程建设项目施工招标投标办法》中规定的无效投标文件的是（　　）。
A．未按规定的格式填写的投标文件
B．在一份投标文件中对同一招标项目报有多个报价的投标文件

C. 投标人名称与资格预审时不一致的投标文件

D. 既有法人代表或法人代表授权的代理人的签字，也有单位盖章的投标文件

81. 下列有关招标投标签订合同的说明，不正确的是（ ）。

A. 应当在中标通知书发出之日起30日内签订合同

B. 招标人和中标人不得再订立背离合同实质性内容的其他协议

C. 招标人和中标人可以通过合同谈判对原招标文件、投标文件的实质性内容作出修改

D. 如果招标文件要求中标人提交履约担保，招标人应向中标人提供同等数额的工程款支付担保

82.《中华人民共和国招标投标法》规定，招标人采用公开招标方式，应当发布招标公告，依法必须进行招标项目的招标公告，应当通过（ ）的报刊、信息网络或者其他媒介公开发布。

A. 国家指定　　B. 业主指定　　C. 当地政府指定　　D. 监理机构指定

83. 按照《招标公告发布暂行办法》规定，国家发展和改革委员会经国务院授权，除（ ）外均为指定发布依法必须招标项目的招标公告的媒介。

A.《中国日报》　　B. 中国采购与招标网

C.《中国经济导报》　　D.《中国财经报》

84. 依法必须进行招标的项目的（ ），必须通过国家指定的报刊、信息网络或者其他媒介发布。

A. 资格预审公告　　B. 投标邀请书

C. 招标公告　　D. 评标标准

85. 招标投标活动的（ ）原则首先要求招标活动的信息公开。

A. 公开　　B. 公平　　C. 公正　　D. 诚实信用

86.《中华人民共和国招标投标法》规定，招标投标活动应当遵循公开、公平、公正和诚实信用的原则。公开原则，首先要求招标信息公开，其次，还要求（ ）公开。

A. 评标方式　　B. 招标投标过程　　C. 招标单位　　D. 投标单位

87. 招标活动的公开原则首先要求（ ）要公开。

A. 招标活动的信息　　B. 评标委员会成员的名单

C. 工程设计文件　　D. 评标标准

88. 下列使用国有资金的项目中，必须通过招标方式选择施工单位的是（ ）。

A. 某水利工程，其单项施工合同估算价600万元人民币

B. 利用资金实行以工代赈需要使用农民工

C. 某军事工程，其重要设备的采购单项合同估算价100万元人民币

D. 某福利院工程，其单项施工合同估算价 300 万元人民币且施工主要技术采用某专有技术

89. 根据《中华人民共和国招标投标法实施条例》（国务院令第613号）规定，投标有效期

从（　　）起计算。

A．确定中标人之日　　B．投标保证金提交之日
C．提交投标文件截止之日　　D．投标函标明的签章之日

90．投标保证金有效期应当超出投标有效期（　　）日。

A．15　　B．21　　C．30　　D．45

91．如果甲、乙组成的联合体中标，且在施工过程中由于乙公司所用施工技术不当出现了质量问题而遭到业主30万元索赔，则以下不符合法律规定的说法是（　　）。

A．虽质量事故是乙的技术所致，但联合承包体双方对承包合同的履行承担连带责任，甲或乙无权拒绝业主单独向其提出的索赔要求
B．共同投标协议约定甲、乙各承担50%的责任，业主只能分别向甲、乙各索赔15万元
C．业主既可要求甲承担赔偿责任，也可要求乙承担赔偿责任
D．若乙先行赔付业主30万元，乙可以向甲追偿15万元

92．根据《中华人民共和国招标投标法》，两个以上法人或者其他组织组成一个联合体，以一个投标人的身份共同投标是（　　）。

A．联合投标　　B．协商投标　　C．合作投标　　D．独立投标

93．某市建设行政主管部门派出工作人员王某，对该市的体育馆招标活动进行监督，则王某有权（　　）。

A．参加开标会议　　B．作为评标委员会的成员
C．决定中标人　　D．参加定标投票

94．下列关于评标报告的说法中，错误的是（　　）。

A．评标委员会完成评标后，应当向招标人提出书面评标报告
B．评标委员会完成评标后，应当向投标人提出书面评标报告
C．评标报告由评标委员会全体成员签字
D．评标委员会成员拒绝在评标报告上签字且不陈述其不同意见和理由的，视为同意评标结论

95．根据《中华人民共和国招标投标法》的规定，该评标委员会的人数应不少于（　　）人。

A．3　　B．5　　C．7　　D．9

96．根据《中华人民共和国招标投标法》，下列属于评标委员会人员组成的要求的是（　　）。

A．总人数为5人以上的单数　　B．必须有政府主管部门的人员参加评标
C．技术经济专家5人以上　　D．技术经济专家不得少于3人

97．根据《中华人民共和国招标投标法》的规定，下列选项中不符合开标程序的是（　　）。

A．开标应当在招标文件确定的提交投标文件截止时间的同一时间公开进行
B．开标地点应当为招标文件中预先确定的地点
C．开标由招标人主持，邀请部分投标人参加
D．开标时都应当当众予以拆封、宣读

98．根据《中华人民共和国招标投标法》和《工程建设项目施工招标投标办法》的有关规定，评标委员会提出书面评标报告后，招标人确定中标人的最迟时间是在投标有效期结束日的前（　　）个工作日。

A．7　　B．15　　C．30　　D．45

99．中标人确定后，招标人应（　　）。

A．向中标人发出通知书，可不将中标结果通知未中标人，但须退还投标保证金或保函

B．向中标人发出通知书，同时将中标结果通知未中标人，但无须退还投标保证金或保函

C．向中标人发出通知书，可不将中标结果通知未中标人，也可不必退还投标保证金或保函

D．向中标人发出通知书，同时将中标结果通知所有未中标人，并向未中标人退还投标保证金

100．下列关于中标通知书的表述，正确的是（　　）。

A．中标通知书对招标人具有法律效力，而对中标人无法律效力

B．招标人和中标人应当自中标通知书发出之日起 15 日内订立书面合同

C．招标人不得向中标人提出任何不合理要求作为订立合同的条件，双方也不得私下订立背离合同实质性内容的协议

D．依法必须进行招标的项目，招标人应当自确定中标人之日起 30 日内，向有关行政监督部门提交招标投标情况的书面报告

101．中标通知书（　　）具有法律效力。

A．对招标人和投标人　　B．只对招标人

C．只对投标人　　D．对招标人和投标人均不

102．我国《工程建设项目施工招标投标办法》规定，招标人应当向未中标的投标人退还投标保证金。退还的时间应在招标人与中标人签订合同后的（　　）个工作日内。

A．3　　B．5　　C．7　　D．10

103．投标人需要对招标文件进行澄清和解答的，应在投标文件递交截至日期前（　　）内以书面形式向投标人作出。

A．1.5 个月　　B．1 个月　　C．一定期限　　D．15 天

104．根据《工程建设项目施工招标投标办法》第 15 条的规定，招标人应当按招标公告或者投标邀请书规定的时间、地点出售招标文件。自招标文件出售之日起至停止出售之日止，最短不得少于（　　）个工作日。

A．3　　B．5　　C．10　　D．15

105．下列不可以做投标保证金的是（　　）。

A．现金支票　　B．银行保函

C．保兑支票　　D．担保单位的信用担保

106．下列关于评标的说法中，不符合《中华人民共和国招标投标法》的是（　　）。

A．招标人应当采取必要的措施，保证评标在严格保密的情况下进行

B．评标委员会完成评标后，应当向招标人提出书面评标报告并决定合格的中标候选人

C．招标人可以授权评标委员会直接确定中标人

D．经评标委员会评审，认为所有投标都不符合招标文件要求的，可以否决所有投标

107．在投标有效期内，下列不属于招标人要完成的工作的是（　　）。

A．资格预审　　B．评标

C．与中标人签订合同　　D．定标

108．招标信息公开是相对的，对于一些需要保密的事项是不可以公开的。如（　　）在确定中标结果之前就不可以公开。

A．评标委员会成员名单　　B．投标邀请书

C．资格预审公告　　D．招标活动的信息

109．下列内容在开标前不应公开的是（　　）。

A．招标信息　　B．开标程序

C．评标委员会成员的名单　　D．评标标准

110．招标人不得以任何方式限制或排斥本地区、本系统以外的法人或其他组织参加投标，体现（　　）原则。

A．公平　　B．保密　　C．及时　　D．公开

111．在评标时，（　　）应当明确、严格，对所有在投标截止日期以后送到的投标书都应拒收，与投标人有利害关系的人员都不得作为评标委员会的成员。

A．评标程序　　B．评标时间　　C．评标标准　　D．评标方法

112．招标投标活动的公正原则与公平原则的共同之处在于创造一个公平合理、（　　）的投标机会。

A．自由竞争　　B．平等竞争　　C．表现企业实力　　D．展示企业业绩

113．在投标的过程中，如果投标人假借别的企业的资质，弄虚作假来投标即违反了（　　）这一原则。

A．公开　　B．公平　　C．诚实信用　　D．公正

114．下列不属于关系社会公共利益、公众安全的基础设施项目的是（　　）。

A．煤炭、石油、天然气、电力、新能源等能源项目

B．供水、供电、供气、供热等市政工程项目

C．生态环境保护项目

D．邮政、电信枢纽、通信、信息网络等邮电通信项目

115．下列不属于《工程建设项目招标范围和规模标准规定》的关系社会公共利益、公众安全的基础设施项目的是（　　）。

A．煤炭、石油、天然气、电力、新能源等能源项目
B．铁路、公路、管道、水运、航空等交通运输项目
C．商品住宅，包括经济适用住房
D．生态环境保护项目

116．下列不属于《工程建设项目招标范围和规模标准规定》的关系社会公共利益、公众安全的公用事业项目的是（　　）。
A．邮政、电信枢纽、通信、信息网络等邮电通信项目
B．供水、供电、供气、供热等市政工程项目
C．商品住宅，包括经济适用住房
D．科技、教育、文化等项目

117．关系社会公共利益、公众安全的公共事业项目范围包括（　　）。
A．铁路、公路、管道、水运、航空以及其他交通运输业等交通运输项目
B．供水、供电、供气、供热等市政工程项目
C．邮政、电信枢纽、通信、信息网络等邮电通信项目
D．道路、桥梁、地铁和轻轨交通、污水排放及处理、垃圾处理、地下管道、公共停车场等城市设施项目

118．应当招标的工程建设项目在（　　）后，已满足招标条件的，均应成立招标组织，组织招标，办理招标事宜。
A．进行可行性研究　　B．办理报建登记手续
C．选择招标代理机构　　D．发布招标信息

119．应当招标的工程建设项目，根据招标人是否具有（　　），可以将组织招标分为自行招标和委托招标两种情况。
A．招标资质　　B．招标许可
C．招标的条件与能力　　D．评标专家

120．《中华人民共和国招标投标法》第 12 条规定："依法必须进行招标的项目，招标人自行办理招标事宜，应当向有关行政监督部门（　　）"。
A．申请　　B．备案　　C．通报　　D．报批

121．《中华人民共和国招标投标法》第 19 条规定："招标人应当根据招标项目的（　　）编制招标文件"。
A．投资　　B．建设规模　　C．占地面积　　D．特点和需要

122．《工程建设项目施工招标投标办法》第 15 条规定："对招标文件或者资格预审文件的收费应当合理，不得以营利为目的，对于所附的设计文件，招标人可以向投标人酌情收取（　　）"。
A．押金　　B．成本费　　C．手续费　　D．租金

123．招标文件发售后，招标人要在招标文件规定的时间内组织投标人踏勘现场，了解工程现场和周围环境情况，并对潜在投标人针对（　　）及现场提出的问题进行答疑。

A．设计图纸　　B．招标文件　　C．地质勘察报告　　D．合同条款

124．投标人拿到招标文件后，应进行全面细致的调查研究。若有疑问或不清楚的问题需要招标人予以澄清和解答的，应在收到招标文件后的（　　）内以书面形式向招标人提出。

A．半个月　　B．10日　　C．一定期限　　D．1周

125．招标人收到投标文件后，应当向投标人出具标明签收人和签收时间的（　　），在开标前任何单位的个人不得开启投标文件。

A．凭证　　B．回执　　C．协议　　D．收条

126．根据《工程建设项目招标范围和规模标准规定》，下列不属于工程建设使用国际组织或者外国政府资金的项目必须招标的范围是（　　）。

A．使用外国政府及其机构贷款资金的项目

B．使用国际组织或者外国政府援助资金的项目

C．使用国家对外国政府担保所筹资金的项目

D．使用世界银行贷款资金的项目

127．根据《工程建设项目招标范围和规模标准规定》，工程建设使用国有资金投资项目必须招标的范围不包括（　　）。

A．使用纳入财政管理的各种政府性专项建设基金的项目

B．使用国有企业事业单位自有资金，并且国有资产投资者实际拥有控制权的项目

C．使用各级财政预算资金的项目

D．使用国家政策性贷款的项目

128．下列不属于使用国有资金投资项目的范围的是（　　）

A．使用各级财政预算资金的项目

B．使用纳入财政管理的各种政府性专项建设基金的项目

C．使用民营企业单位自有资金

D．国有资产投资者实际拥有控制权的项目

129．按照《工程建设项目施工招标投标办法》和《工程建设项目货物招标投标办法》等有关规定，资格审查分为资格预审和（　　）两种方式。

A．程序性审查　　B．资格后审　　C．资格终审　　D．符合性审查

130．（　　）是指总承包招标时不能确定价格而由招标人在招标文件中暂时估定的工程、货物、服务的金额。

A．预算价　　B．概算价　　C．暂估价　　D．估算价

131．在中华人民共和国境内进行下列工程建设项目包括项目的勘察、设计、施工、监理以及与工程建设有关的重要设备、材料等的采购，必须进行招标。项目的具体范围和规

模标准，由（　　）制订，报国务院批准。

A．商务部会同国务院有关部门

B．国务院发展计划部门会同国务院有关部门

C．财政部会同国务院有关部门

D．建设部会同国务院有关部门

132．以下用于衡量与判断具体建设项目是否属于必须招标的范围的依据是（　　）。

A．项目性质、资金来源　　B．项目内容

C．有无编制招标文件的能力　　D．潜在投标人的数量

133．根据《中华人民共和国招标投标法》的规定，下列关于招标方式的表述中不正确的是（　　）。

A．招标分为公开招标和邀请招标

B．重点项目都应当公开招标

C．项目技术复杂，但有多数潜在投标人可供选择的，招标人可申请邀请招标

D．邀请招标的招标人一般选择不少于 3 家承包商，向其发出投标邀请书，邀请其参加投标竞争

134．依法必须招标的工程建设项目，按照工程建设项目审批管理规定，凡应报送项目审批部门审批的，必须在报送（　　）中增加有关招标的内容。

A．投资机会研究报告　　B．项目可行性报告

C．资金申请报告　　D．项目建议书

135．根据《工程建设项目施工招标投标办法》和《标准施工招标资格预审文件》的规定，下列不属于工程建设项目资格预审公告的内容的是（　　）。

A．招标项目的条件　　B．项目概况与招标范围

C．资格预审方法　　D．招标项目的简要技术要求

136．依法必须招标的国际招标项目的招标公告应在（　　）发布。

A．《中国建设报》　　B．《中国财经报》

C．《中国日报》　　D．《中国经济导报》

137．根据《中华人民共和国招标投标法》的规定，下列关于招标文件编制工作的表述中不正确的是（　　）。

A．招标文件应根据项目特点和实际需要进行编制

B．招标文件应明确自招标文件开始发出之日起至停止发出之日止，最短不得少于 7 个工作日

C．规定的评标标准和评标方法不得改变

D．合理划分标段或标包

138．根据相关法规以及《标准施工招标资格预审文件》中的规定，采用（　　）的资格预审方法的，凡符合资格预审文件中规定的初步审查标准和详细审查标准的申请人均为资格预审合格人。

A．合格制　　　B．有限数量制　　　C．标准制　　　D．评分排名制

139．国务院有关部门对资格预审的要求和《标准施工招标资格预审文件》范本对资格预审程序作出了相关规定，下列不属于资格预审程序的是（　　）。

A．提出资格预审申请文件格式要求

B．发布资格预审公告

C．潜在投标人编制并提交资格预审申请文件

D．由资格审查委员会对资格预审申请文件进行评审并编写资格评审报告

140．根据《标准施工招标资格预审文件》的规定，下列不属于资格预审的评审工作程序的是（　　）。

A．初步审查

B．详细审查

C．资格预审申请文件的澄清

D．向通过资格预审的申请人发出投标邀请书

141．按照《中华人民共和国招标投标法实施条例》（国务院令第 613 号）的规定，招标人编制招标文件，不得有除（　　）之外等不合理条件限制、排斥潜在投标人或投标人的事项。

A．对潜在投标人或者投标人采取不同的资格审查或者评标标准

B．就同一招标项目向潜在投标人或者投标人提供相同的项目信息

C．依法必须进行招标的项目非法限定潜在投标人或者投标人的所有制形式或者组织形式

D．设定的资格、技术、商务条件与招标项目的具体特点和实际需要不相适应或者与合同履行无关

142．按《中华人民共和国招标投标法》、《中华人民共和国政府采购法》及《工程建设项目施工招标投标办法》的规定，在招标阶段招标人和招标代理机构必须遵守相应的保密规定，下列不属于该保密规定的是（　　）。

A．对招标人设有标底的招标项目，标底必须保密

B．招标人和招标代理机构应当保护招标当事人的知识产权和商业秘密

C．招标人和招标代理机构应当单独或者分别组织任何一个投标人进行现场踏勘

D．招标人和招标代理机构不得违法泄露应当保密的与招标投标活动有关的情况资料

143．《工程建设项目自行招标试行办法》对招标人自行招标的能力要求是招标人设有专门的招标机构或者至少拥有（　　）名以上专职招标业务人员。

A．3　　　B．4　　　C．5　　　D．6

144．按照《中华人民共和国招标投标法》的规定，履行项目审批手续和（　　）是招标项目进行招标前必须具备的两项基本条件。

A．落实各当事人的责任　　　B．发布招标公告

C．落实资金来源　　　D．明确其招标情况的规定

145.《中华人民共和国招标投标法实施条例》（国务院令第613号）规定，资格预审文件发售期不得少于（　　）日。

A. 10　　B. 8　　C. 7　　D. 5

146. 按照《工程建设项目施工招标投标办法》和《标准施工招标文件》的规定，工程建设项目施工招标文件的构成不包括（　　）。

A. 招标公告（或投标邀请书）　　B. 评标办法

C. 技术标准和要求　　D. 竣工结算清单

147. 下列工程项目不适宜用资格预审的是（　　）。

A. 潜在投标人较少　　B. 潜在投标人较多

C. 大型　　D. 技术复杂

148. 根据《中华人民共和国招标投标法》的规定，下列不属于招标文件的澄清与修改应当注意的是（　　）。

A. 投标人有权对招标文件提出问题并进行修改

B. 招标人有权对招标文件进行澄清

C. 澄清与修改的时限

D. 澄清或修改的内容应为招标文件的组成部分

149. 下列关于委托招标组织方式的表述，不正确的是（　　）。

A. 依法必须招标的项目经批准后，招标人根据项目实际情况需要和自身条件，可以自主选择招标代理机构进行委托招标

B. 招标人有权自主选择招标代理机构，不受任何单位和个人的影响和干预

C. 招标人和招标代理机构的关系是委托代理关系

D. 招标人的上级主管部门可以根据其需要为招标人指定招标代理机构

150. 根据《中华人民共和国招标投标法实施条例》（国务院令第613号）和《工程建设项目施工招标投标办法》的规定，招标人编制标底时，应注意的事项不包括（　　）。

A. 标底必须保密

B. 接受委托编制标底的中介机构不得参加受托编制标底项目的投标，但可以为该项目的投标人编制投标文件或者提供咨询

C. 一个招标项目只能有一个标底，分标段招标的，按标段编制标底

D. 任何单位和个人不得强制招标人编制或报审标底

151. 按照《中华人民共和国政府采购法》的规定，属于中央预算的政府采购必须招标项目，其集中采购目录由（　　）确定并公布。

A. 全国人大常委会　　B. 国家发展和改革委员会

C. 国务院　　D. 国家发展计划部门

152. 按照《中华人民共和国招标投标法实施条例》（国务院令第613号）的规定，下列情形中，必须进行招标的项目是（　　）。

A．需要采用不可替代的专利或者专有技术的项目
B．采购人依法能够自行建设、生产或者提供的项目
C．生态环境保护的项目
D．需要向原中标人采购工程、货物或者服务，否则将影响施工或者功能配套要求的项目

153．下列不是《工程建设项目自行招标试行办法》对招标人自行招标能力的具体规定的是（　　）。
A．具有项目法人资格
B．有从事同类工程建设项目招标的经验
C．设有专门的招标机构或者拥有5名以上专职招标业务人员
D．熟悉和掌握《中华人民共和国招标投标法》及有关法规、规章

154．货物招标项目资格预审文件内容一般应不包括（　　）。
A．申请人须知
B．资格审查标准和方法
C．资格预审结果的通知方式
D．资格预审文件的澄清与修改

155．经国务院批准由国家改革委发布的《工程建设项目招标范围和规模标准规定》，下列工程建设国家融资项目不属于必须招标的范围的是（　　）。
A．使用国家发行债券所筹资金的项目
B．使用国家对外借款或者担保所筹资金的项目
C．使用国家政策性贷款的项目
D．使用各级财政预算资金的项目

156．《工程建设项目招标范围和规模规定》（发改委〔2000〕3号令）中规定，使用国有资金的项目必须招标的范围不包括（　　）。
A．使用各级财政预算资金的项目
B．使用纳入财政管理的各种政府性专项建设基金的项目
C．使用国家对外借款或者担保所筹资金的项目
D．使用国有企业事业单位自有资金，并且国有资产投资者实际拥有控制权的项目

157．按照《工程建设项目施工招标投标办法》的规定，依法必须招标的工程建设项目，能进行施工招标的条件不包括（　　）。
A．投标人已经依法成立
B．有相应资金或资金来源已经落实
C．有招标所需的设计图纸及技术资料
D．初步设计及概算应当履行审批手续的，已经批准

158．根据《中华人民共和国招标投标法》，下列关于招标的说法中，错误的是（　　）。
A．招标方式分为公开招标和邀请招标
B．履行审批手续的项目不一定需要招标
C．招标应当具备法定的条件方可进行
D．依法进行招标的项目必须委托招标

159．下列关于工程建设项目资格审查的说法中，错误的是（　　）。

A．资格审查分为资格预审和资格后审两种方法

B．资格预审一般在投标前进行，资格后审一般在开标后进行

C．资格预审的评审办法分为合格制和有限数量制

D．资格审查由招标项目的评标委员会负责进行

160．下列关于资格预审公告、招标公告、招标文件的说法，符合法律规定的是（　　）。

A．资格预审结束后还必须发布招标公告

B．招标公告可以代替招标文件

C．招标公告的内容与资格预审公告内容一致

D．招标公告的发布可以与招标文件的发出同时进行

161．根据有关《中华人民共和国招标投标法》的规定，下列项目中，不需要进行招标的是（　　）。

A．外商在中国境内投资的房地产开发项目

B．某企业，总经理的私人别墅装修项目

C．中标后施工总承包单位选择暂估价分包单位

D．民营企业投资的某高速公路特许经营项目

162．按照《中华人民共和国招标投标法》的规定，下列关于投标邀请书的表述中不正确的是（　　）。

A．投标邀请书的内容和招标公告的内容基本一致，只需增加要求潜在投标人“确认”是否收到了投标邀请书的内容

B．政府采购项目的邀请招标采用了公开选择邀请合格投标人或潜在投标人的方法

C．采用邀请招标方式政府采购的，应按规定发布资格预审公告，公布投标人资格条件

D．招标采购单位应从资格评审合格的投标人中通过随机抽取方式选择5家以上的投标人，并向其发出投标邀请书

163．招标人或招标代理机构在媒介发布招标公告时，应当注意（　　）。

A．招标公告的发布应当充分公开，任何单位和个人不得非法限制招标的发布地点和发布范围

B．在1个以上媒介发布同一招标项目的招标公告的内容应相同

C．指定报纸和网络应当在收到招标公告文本之日起10日内发布

D．招标人应至少在3家指定的媒介发布招标公告

164．《中华人民共和国招标投标法实施条例》（国务院令第613号）的规定，澄清和修改的内容可能影响资格预审申请文件的，招标人应当在提交资格预审申请文件截止时间至少（　　）日前，以书面形式通知所有获取资格预审文件的潜在投标人。

A．2　　B．3　　C．4　　D．5

165．《工程建设项目自行招标试行办法》规定，招标人自行招标的，应当自确定中标人之日起（　　）日内，向国家发展和改革委员会提交招标投标情况的书面报告。

A. 10　　B. 15　　C. 30　　D. 45

166. 根据《中华人民共和国招标投标法》的规定，国家发展和改革委员会确定的国家重点项目采用邀请招标的，应经（　　）批准。
A. 国家发展和改革委员会　　B. 财政部
C. 省级人民政府批准　　D. 市级人民政府批准

167. 对于国家发展和改革委员会确定的不适宜公开招标的国家重点项目，招标人申请邀请招标的，应由（　　）审批。
A. 国务院　　B. 省级人民政府
C. 国务院发展改革部门　　D. 有关行业主管部门

168. 根据《政府采购货物和服务招标投标管理办法》和《政府采购信息公告管理办法》的规定，下列不属于政府采购项目公开招标的招标公告的内容的是（　　）。
A. 供应商资格要求
B. 投标截止时间、开标时间及地点
C. 采购人、采购代理机构的名称、地址和联系方式
D. 潜在投标人可以进一步得到信息的机构名称

169. 下列施工项目中，不属于经批准可以采用邀请招标方式发包的工程项目的是（　　）项目。
A. 涉及国家安全、国家秘密的项目而不适宜招标的
B. 受自然地域环境限制的
C. 技术复杂，仅有几家投标人满足条件的
D. 公开招标费用与项目的价值相比不值得的

170. 下列依法必须公开招标的工程建设项目中，经核准可以采取邀请招标方式的项目的是（　　）。
A. 环境资源条件特殊，符合条件的潜在投标人仅有三家
B. 因工期急迫需邀请招标并经过主管领导指示的商品住宅项目
C. 公开招标所需费用占工程建设项目总投资的20%
D. 主要技术采用专有技术的施工项目

171. 按照《工程建设项目施工招标投标办法》的规定，下列不属于工程建设施工项目招标公告的主要内容的是（　　）。
A. 招标货物的名称、数量、技术规格　　B. 对投标人的资质等级的要求
C. 获取招标文件的地点和时间　　D. 招标项目的实施地点和工期

172. 招标人发布资格预审公告，下列不属于该行为目的的是（　　）。
A. 采用资格预审的方式选择合格潜在投标人
B. 向潜在投标人发出的要约邀请
C. 向潜在投标人公布招标项目的条件
D. 向潜在投标人公布投标人资格条件

173. 根据《工程建设项目自行招标试行办法》的规定，下列不属于招标人自行办理招标事宜必须具备的条件的是（　　）。

A. 具有与招标项目相适应的注册资金　B. 具备编制招标文件的能力

C. 具有法人的资格　D. 具备组织评标的能力

174.《工程建设项目自行招标试行办法》中，对招标人自行招标的能力作出了具体规定，其内容不包括（　　）。

A. 具有项目法人资格

B. 有从事同类工程建设项目招标的经验

C. 熟悉和掌握《中华人民共和国招标投标法》及有关法规、规章

D. 设有专门的招标机构或者拥有5名以上专职招标业务人员

175. 国家融资项目的范围包括（　　）。

A. 使用国际组织或者外国政府援助资金的项目

B. 使用国家对外借款或者外国政府援助资金的项目

C. 使用世界银行、亚洲开发银行等国际组织贷款资金的项目

D. 国家授权投资主体融资的项目

176. 按照《中华人民共和国招标投标法实施条例》（国务院令第613号）的规定，潜在投标人或者其他利害关系人对资格预审文件有异议的，应当在提交资格预审申请文件截止时间（　　）日前提出。

A. 2　B. 3　C. 5　D. 7

177. 招标人公开告知潜在投标人参加招标项目投标竞争应具备资格条件的重要文件是（　　）。

A. 招标文件　B. 招标公告　C. 资格预审文件　D. 投标邀请书

178. 根据工程建设项目审批管理的相关规定，在可行性研究报告中应报送的招标内容，可以不包括的是（　　）。

A. 全部招标或部分招标　B. 委托招标或自行招标

C. 公开招标或邀请招标　D. 中央投资或政府贷款

179. 投标人少于____个的，不得开标；招标人应当重新招标。投标人对开标有异议的，应当____提出，招标人应当____答复，并制作记录。（　　）

A. 2；在开标会后；书面方式　B. 2；在开标现场；书面方式

C. 3；在开标现场；当场作出　D. 5；在开标会前；当场作出

180. 特殊招标项目，是指技术复杂、专业性强或者国家有特殊要求，采取____确定的专家难以保证胜任评标工作的项目。特殊招标项目，由招标人依法____评标专家。（　　）

A. 招标人指定方式；书面通知　B. 招标人指定方式；电话通知

C. 行政监督部门指定；直接确定　D. 随机抽取方式；直接确定

181. 下列不属于评标委员会成员的权利的是（　　）。

A．接受招标人或其招标代理机构聘请，担任评标委员会成员
B．依法对投标文件进行独立评审，提出评审意见，不受任何单位或者个人的干预
C．接受参加评标活动的劳务报酬
D．发送中标通知书

182．以下不是评标报告特点的是（　　）。
A．边评标边编制
B．由评标委员会经全体成员签字后向招标人提交
C．评标报告中依法推荐合格中标候选人
D．评标报告应全面反映评标情况

183．《中华人民共和国招标投标法》规定：评标委员会应当根据（　　）规定的评标标准和方法，对投标文件进行系统的评审和比较。
A．招标文件　　B．法律法规　　C．投标文件　　D．评标委员会

184．依据招标文件的规定，从投标文件的（　　）和对招标文件的响应程度进行审查，以确定是否对招标文件的实质性要求作出响应。
A．适用性、完整性　　B．适用性、公正性
C．有效性、公正性　　D．有效性、完整性

185．招标人邀请所有投标人参加开标是____。投标人或其授权代表自主决定是否参加开标会是____。（　　）
A．法定的义务；法定的权利　　B．正常的程序；正常的要求
C．一般的义务；一般的权利　　D．基本的权利；基本的义务

186．投标文件中的大写金额和小写金额不一致的，以（　　）为准。
A．大写金额　　B．小写金额　　C．单价金额　　D．总价金额

187．某工程建设项目货物招标，有甲、乙、丙、丁、戊5家单位投标，由于某些原因，招标人通知投标人延长投标有效期。下列说法中，符合法律规定的是（　　）。
A．甲、乙、丙公司拒绝延长投标有效期，招标人可以不退还其投标保证金
B．丁、戊公司同意延长投标有效期，其投标保证金的有效期应相应延长
C．投标人同意延长投标有效期的，可对投标文件进行修改和补充
D．如因延长投标有效期给投标人造成损失，招标人不予补偿

188．《中华人民共和国招标投标法》规定，评标专家应当从事相关领域工作满（　　）年并具有高级职称或者具有同等专业水平，由招标人从国务院有关部门或者省、自治区、直辖市人民政府有关部门提供的专家名册或者招标代理机构的专家库内的相关专业的专家名单中确定。
A．5　　B．6　　C．7　　D．8

189．评标委员会依法按照招标文件确定的评标方法和具体评标标准，对开标中所有拆封并唱标的投标文件，进行审查、评价、比较每个投标文件对招标文件要求的响应情况的

步骤称为（　　）。

A．开标程序　B．投标程序　C．定标程序　D．评标程序

190．某依法必须招标的工程建设项目施工招标，共有 3 家单位投标，评标时发现某一投标人的安全生产许可证已经过期，有效投标人只剩 2 家。是否继续评标，评标专家产生不同的意见。下列意见中符合法律规定的是（　　）。

A．专家甲认为只有 2 家有效投标人，所以明显不具备竞争性，应当否决全部投标

B．专家乙认为是否继续评标，关键看是否具备竞争性

C．专家丙认为是否继续评标，应请示行政监督部门

D．专家丁认为是否继续评标，应按招标人的意思进行

191．根据相关法律法规规定，一般适用于具有通用技术、性能标准或者招标人对其技术、性能没有特殊要求的工程建设招标项目的评标方法是（　　）。

A．综合评估法　B．经评审的最低投标价法

C．百分评定法　D．最低评标价法

192．《政府采购货物和服务招标投标管理办法》规定，开标时其投标文件中开标一览表内容与投标文件中明细表内容不一致的，以（　　）为准。

A．开标一览表　B．投标文件中明细表

C．两者任选其一　D．重新制定的开标一览表

193．对于一次委托招标金额在 500 万美元及以上的国际招标项目，所需专家的（　　）以上应从国家级专家库中抽取。

A．1/2　B．1/3　C．2/3　D．3/4

194．《中华人民共和国招标投标法》规定，评标委员会推荐的中标候选人应列明顺序，一般推荐（　　）人。

A．1～2　B．1～3　C．2～3　D．2～5

195．在评标委员会成员中，不能包括（　　）。

A．技术专家　B．经济专家

C．招标人代表　D．招标人上级主管代表

196．评标专家占评标委员会总人数的（　　）以上，对评标委员会的整体水平有至关重要的影响。

A．1/3　B．2/3　C．1/4　D．3/4

197．《中华人民共和国招标投标法》规定，依法必须进行招标的项目，其评标委员会由招标人的代表和有关技术、经济等方面的专家组成，成员人数为（　　）。

A．7 人以上单数，其中技术、经济等方面的专家不得少于成员总数的 2/3

B．5 人以上单数，其中技术、经济等方面的专家不得少于成员总数的 2/3

C．7 人以上单数，其中技术、经济等方面的专家不得少于成员总数的 1/2

D．5 人以上单数，其中技术、经济等方面的专家不得少于成员总数的 1/2

198.《中华人民共和国招标投标法》规定，开标由（　　）。

A．评标专家主持

B．招标人主持，邀请所有投标人参加

C．招标采购单位主持，邀请所有相关单位参加

D．本级建设主管部门主持，邀请所有投标人参加

199．关于依法必须招标项目评标专家的选择，下列说法中不正确的是（　　）。

A．应由招标人在规定的专家库或专家名册中确定

B．可以在招标代理机构的专家库内选择

C．一般招标项目可以采取随机抽取方式确定

D．随机抽取的机电产品国际招标项目的评标专家人数，应当多抽取 2 名作为候补专家

200．根据《中华人民共和国招标投标法》的规定，（　　）应当对所有在投标文件截止时间之前收到的合格的投标文件，在开标现场当众拆封。

A．投标人或者其推选的代表

B．公证机构工作人员

C．评标委员会工作人员

D．招标人或者其委托的招标代理机构的工作人员

201．关于开标的邀请和通知义务，下列说法中不正确的是（　　）。

A．工程建设项目，应当邀请投标人

B．工程建设项目，应当邀请公证机构

C．机电产品国际招标项目，应当邀请招标人

D．政府采购项目，应当通知同级人民政府财政部门

202．甲在投标某施工项目时，为减少报价风险，与乙签订了一份塔式起重机租赁协议。协议约定：甲中标后，乙按照协议约定的租金标准向甲出租塔式起重机，如甲方未中标，则协议自动失效。该协议是（　　）。

A．既未成立又未生效合同　　B．附条件合同

C．已成立但未生效合同　　D．有效合同

203.《中华人民共和国招标投标法》规定，依法必须招标的项目，招标人应当从确定中标人之日起（　　）日内，向有关行政监督部门提交招标投标情况的书面报告。

A．7　　B．15　　C．30　　D．45

204．某项目的招标人于 2012 年 6 月 1 日向中标人发出了中标通知书，双方于 2012 年 6 月 25 日签订了合同。根据相关法律规定，招标人应在（　　）前向有关部门提交招标投标情况的书面报告。

A．2012 年 6 月 15 日　　B．2012 年 6 月 30 日

C．2012 年 7 月 10 日　　D．2012 年 7 月 25 日

205．同意延长投标有效期的投标人应当相应延长其____的有效期，但不得修改投标文件

的____内容。（　　）

A．投标保险；所有条款　　B．投标担保；实质性条款

C．投标截止；附加条款　　D．投标保证；一般性条款

206．投标人或者其他利害关系人对依法必须进行招标的项目的评标结果有异议的，应当在____提出。招标人应当____起 3 日内作出答复。（　　）

A．中标候选人公示期间；自收到异议之日

B．中标人公示期间；自收到异议之日

C．中标候选人公示期间；自签订合同之后

D．中标人公示期间；自签订合同之前

207．公示结束后，招标人应当向中标人发出____，并同时将____通知所有未中标的投标人。（　　）

A．投标邀请书；中标结果　　B．合同协议书；中标公告

C．中标结果；中标公告　　D．中标通知书；中标结果

208．中标通知书发出后，除（　　）情况下，招标人可取消其中标资格，并没收其投标保证金。

A．中标人放弃中标项目的

B．无正当理由不与招标人签订合同的

C．在签订合同时向招标人提出附加条件或者更改合同实质性内容的

D．提交所要求的履约保证金的

209．招标人改变中标结果，拒绝与中标人订立合同，也必然给中标人造成损失。中标人的损失包括（　　）。

A．投标保证金　　B．准备订立合同的支出

C．履约保证金　　D．编制投标文件成本

210．《工程建设项目施工招标投标办法》和《工程建设项目货物招标投标办法》规定，招标人不履行与中标人订立的合同的，应当（　　）中标人的履约保证金。

A．原额返还　　B．双倍返还　　C．三倍返还　　D．部分返还

211．根据《中华人民共和国招标投标法实施条例》（国务院令第 613 号）的规定，招标人应当在书面合同签订后向中标人和未中标的投标人退还（　　）。

A．招标服务费

B．投标保证金及投标保证金银行同期存款利息

C．招标服务费银行同期存款利息

D．资金占用费

212．《中华人民共和国招标投标法实施条例》（国务院令第 613 号）第 57 条规定，招标人最迟应当在书面合同签订后 5 个工作日内向中标人和未中标的投标人退还（　　）。

A．投标文件　　B．投标报价

C．投标保证金和银行同期存款利息　　D．履约保证金

213．根据《中华人民共和国招标投标法》的规定，不属于履约保证金的形式的是（　　）。
A．保兑支票　　B．可撤销的信用证
C．银行汇票　　D．现金支票

214．确定中标人的程序不包括（　　）。
A．评标委员会推荐合格中标候选人　　B．招标人确定中标人的时限要求
C．中标结果公示或者公告　　D．发出招标公告

215．根据《中华人民共和国招标投标法》的规定，合同当事人签订合同应遵循的主要原则不包括（　　）。
A．平等原则　　B．自愿原则　　C．合法性原则　　D．强制性原则

216．为了体现招标投标中的（　　）的原则，且便于社会的监督，确定中标人后，中标结果应当公示或者公告。
A．公平、独立、客观　　B．适用、独立、公正
C．公平、公开、公正　　D．适用、公平、公开

217．《评标委员会和评标方法暂行规定》中规定，评标和定标应当在投标有效期结束日（　　）个工作日前完成。
A．45　　B．15　　C．30　　D．20

218．在确定中标人的程序中，紧接“招标人自行或者授权评标委员会确定中标人”之后的程序为（　　）。
A．中标结果公示或公告　　B．发送中标通知书
C．招标人确定招标人的时限要求　　D．订立合同

219．下列关于确定中标人的说法中，不正确的是（　　）。
A．确定中标人的权利属于招标人
B．确定中标人的依据是评标委员会提出的书面评标报告和推荐的中标候选人
C．依法必须进行招标的项目，招标人应当确定排名第一的中标候选人为中标人
D．定标应在投标有效期结束前30天完成

220．关于依法必须招标项目中标合同的签订和效力，下列说法中不正确的是（　　）。
A．中标合同应当按照投标人的投标文件和中标通知书的内容订立
B．中标合同订立后，招标人和中标人不得再行订立背离合同实质性内容的补充协议
C．订立中标合同必须采用书面形式
D．中标合同应当自中标通知书发出之日起30日内订立

221．关于投标保证金的退还，下列说法中不正确的是（　　）。
A．工程建设项目，招标人应在中标通知书发出后5个工作日内退还中标人的投标保证金
B．工程建设项目，招标人应在与中标人签订合同后5个工作日内退还未中标人的投

标保证金

C．政府采购项目，招标采购单位逾期退还投标保证金的，应当退还投标保证金本金并按商业银行同期存款利率上浮20%后的利率支付资金占用费

D．机电产品国际招标项目，招标人应在中标人按照招标文件规定签订合同、交纳了履约保证金和招标服务费后退还中标人的投标保证金

222．按照《中华人民共和国合同法》的规定，发出的中标通知书属于（　　）。

A．要约邀请　　B．承诺　　C．要约　　D．承诺邀请

223．《中华人民共和国招标投标法》规定，招标人和中标人应当自中标通知书发出之日起（　　）日内，按照招标文件和中标人的投标文件订立书面合同。

A．30　　B．60　　C．90　　D．100

224．评标委员会采用最低评标价法评标的，应按照（　　）的顺序推荐中标候选人。

A．评审得分由高到低　　B．商数得分由高到低顺序

C．投标报价由低到高　　D．投标报价由高到低

225．关于依法必须招标的工程建设项目，下列说法中正确的是（　　）。

A．联合体中标的，联合体各方应当共同与招标人签订合同

B．评标和定标应当在开标日后30个工作日内完成

C．联合体中标的，各方不得组成新的联合体或参加其他联合体在其他项目中投标

D．中标人的投标保证金应当留作履约保证金

226．某工程建设项目施工招标中，投标人递交了20万元投标保证金，在收到中标通知书后，又书面通知招标人放弃中标。现招标人有证据表明自己因中标人放弃中标而遭受30万元的损失。对于招标人来说，下列措施中最有利的是（　　）。

A．没收中标人20万元投标保证金

B．没收中标人一半投标保证金

C．招标人不退还中标人的20万元投标保证金，并要求中标人再赔偿其30万元的损失

D．招标人不退还中标人的20万元投标保证金，并在此基础上要求中标人再赔偿10万元的损失

227．在招标人和投标人签订合同时应遵循的原则中，（　　）要求合同当事人正当行使合同权利和履行合同义务，兼顾他人利益，使当事人的利益能够均衡。

A．平等原则　　B．合法性原则　　C．诚实信用原则　　D．公平原则

228．中标人按照合同约定或经招标人同意，可以将中标项目的（　　）工作分包给他人完成。

A．部分主体、非关键性　　B．部分非主体、非关键性

C．部分主体、关键性　　D．部分非主体、关键性

229．根据《中华人民共和国合同法》，下列关于招标投标行为的法律性质的说法中，正确的是（　　）。

A．发出招标公告，属要约邀请

B．投标人购买招标文件，属要约行为

C．投标人提交投标文件，属承诺行为

D．评标委员会推荐中标候选人，属承诺行为

230．招标投标活动中当事人签订合同应遵守（　　）原则。

A．受限　　B．透明　　C．自愿　　D．公开

231．关于工程建设项目施工中标合同订立、履行过程中，对当事人的要求，下列说法错误的是（　　）。

A．招标人应当自签订中标合同之日起15日内，向有关行政监管部门提交招标投标情况的书面报告

B．招标人不得在中标通知书中修改招标文件规定的开工时间

C．中标人确定前，招标人和投标人不能就投标价格等实质性内容进行谈判

D．中标合同备案后另行订立合同的，工程价款的结算应当以备案的合同为依据

232．招标投标争议行政诉讼过程中，人民法院应当在立案之日起（　　）日内，将起诉状副本发送被告。

A．3　　B．5　　C．7　　D．10

233．下列不属于招标投标争议仲裁应遵循的原则的是（　　）。

A．公开原则　　B．自愿原则

C．公平合理原则　　D．仲裁依法独立进行原则

234．在招标投标仲裁的原则中，（　　）原则要求仲裁机构要充分搜集证据，听取纠纷双方的意见。

A．自愿　　B．公平合理

C．仲裁依法独立进行　　D．一裁终局

235．《中华人民共和国仲裁法》规定，不属于仲裁协议的作用的是（　　）。

A．合同当事人均受仲裁协议的约束

B．可合理公平的保障双方当事人的利益

C．仲裁机构对纠纷进行仲裁的先决条件

D．排除了法院对纠纷的管辖权

236．招标投标争议行政诉讼的管辖分为级别管辖和地域管辖，下列关于地域管辖的说法，不正确的是（　　）。

A．由最初作出具体行政行为的行政机关所在地人民法院管辖

B．经复议的案件，复议机关改变原具体行政行为的，可以由复议机关所在地人民法院管辖

C．两个以上人民法院都有管辖权的案件，原告应选择较高级别的人民法院提起诉讼

D．原告向两个以上有管辖权的人民法院提起诉讼的，由最先收到起诉状的人民法院管辖

237. 不属于招标投标争议提起行政诉讼应当符合的条件的是（　　）。

A．有明确的被告

B．有具体的诉讼请求和事实根据

C．属于人民法院受案范围和受诉人民法院管辖

D．当事人对行政复议结果不服

238. 下列关于招标投标争议行政诉讼证据的表述中，不正确的是（　　）。

A．被告对作出的具体行政行为负有举证责任，应当提供作出该具体行政行为的证据和所依据的规范性文件

B．行政诉讼中规定的被告负举证责任，与一般诉讼中“谁主张、谁举证”的原则不同

C．在诉讼过程中，被告可以根据其自身需要向原告和证人搜集证据

D．人民法院有权要求当事人提供或者补充证据

239. 建设工程施工项目招标投标，签订中标合同后发生合同争议的，则以（　　）作为合同履行地。

A．施工行为地　　B．合同签订地　　C．被告住所地　　D．原告住所地

240. 当事人提出证据证明裁决除（　　）外的任一情形，可以向仲裁委员会所在地的中级人民法院申请撤销裁决。

A．裁决所依据的证据是伪造

B．对方当事人隐瞒了足以影响公正裁决的证据

C．仲裁员在仲裁该案时有索贿受贿，徇私舞弊，枉法裁决行为

D．裁决的事项属于仲裁协议的范围

241. 某工程建设项目属于国家重大建设项目，对其开标和评标活动的投诉，应由（　　）受理。

A．该项目所在地的省级人民政府　　B．国务院法制办公室

C．国家发展和改革委员会　　D．财政部

242. 对于工程建设项目招标投标，行政监督部门对符合投诉处理条件并决定受理的，正式受理之日为（　　）之日。

A．决定受理　　B．收到投诉书　　C．通知投诉人　　D．发出受理决定

243. 根据《中华人民共和国招标投标法》，招标投标活动不符合法律规定时，下列主体中，不能以质疑投诉的方式寻求帮助的是（　　）。

A．招标人　　B．资格预审申请人

C．潜在投标人　　D．投标人

244. 一般情况下，招标投标争议行政诉讼的第一审由基层人民法院管辖，但是中级人民法院管辖除（　　）外的第一审行政案件。

A．被告为县级以上人民政府，且基层人民法院不适宜审理的案件

B．被告为省级以上人民政府，只能由国务院受理的案件

C．社会影响重大的共同诉讼、集团诉讼案件

D．重大涉外或涉及香港特别行政区、台湾地区的案件

245．《中华人民共和国行政处罚法》规定，违法行为在（　　）年内未被发现的，行政机关不再给予行政处罚。

A．1　　B．2　　C．3　　D．5

246．根据《中华人民共和国仲裁法》的规定，下列关于仲裁的开庭和裁决表述中，不正确的是（　　）。

A．当事人协议不开庭的，仲裁庭可以根据仲裁申请书、答辩书以及其他材料作出裁决，仲裁不公开进行

B．当事人应当对自己的主张提供证据

C．当事人辩论终结时，首席仲裁员应当征询当事人的最后意见

D．当事人自收到裁决书之日起15日内，可以请求仲裁补正

247．下列不能作为人民法院审理行政案件的依据的是（　　）。

A．法律　　B．行政法规　　C．地方政府规章　　D．地方性法规

248．在招标投标争议的民事诉讼中，依照法律规定实行的基本制度不包括（　　）。

A．合议制度　　B．不适用调解制度

C．回避制度　　D．公开审判制度

249．招标代理委托合同争议的仲裁应当开庭进行，经书面通知，申请人无正当理由不到庭或者未经仲裁庭许可中途退庭的，可以（　　）。

A．缺席裁决　　B．视为撤回仲裁申请

C．不开庭　　D．不公开进行

250．《中华人民共和国政府采购法》第55条规定："质疑人对招标人、招标代理机构的答复不满意或者招标人、招标代理机构未在规定的时间内作出答复的，可以在答复期满后（　　）个工作日内向同级政府采购监督管理部门投诉"。

A．5　　B．10　　C．15　　D．20

251．仲裁协议是纠纷当事人愿意将纠纷提交仲裁机构仲裁的协议，其内容不包括（　　）。

A．仲裁事项　　B．选定的仲裁委员会

C．请求仲裁的意思表示　　D．仲裁庭的组成人员

252．根据《工程建设项目招标投标活动投诉处理办法》的规定，下列关于招标投标投诉中追究法律责任的规定表述中，不正确的是（　　）。

A．行政监督部门应当建立投诉处理档案，并做好保存和管理工作，接受有关方面的监督检查

B．对招标代理机构有违法行为，且情节严重的，依法暂停直至取消招标代理资格

C．投诉人故意捏造事实、伪造证明材料的，情节严重的，可以并处3万元以下罚款

D．对于性质恶劣、情节严重的投诉事项，行政监督部门可以将投诉处理结果在有关媒体上公布，接受舆论和公众监督

253. 下列关于招标投标争议行政诉讼的表述中，不正确的是（　　）。

A. 人民法院应当在立案之日起 1 个月内作出第一审判决

B. 当事人不服人民法院第一审判决的，有权在判决书送达之日起 15 日内向上一级人民法院提起上诉

C. 逾期不提起上诉的，人民法院的第一审判决或者裁定发生法律效力

D. 人民法院审理上诉案件，应当在收到上诉状之日起 2 个月内作出终审判决

254. 当事人申请撤销裁决的，应当自收到裁决书之日起（　　）个月内提出。

A. 1　　B. 3　　C. 5　　D. 6

255. 下列关于工程建设项目招标投标投诉处理的表述中，不正确的是（　　）。

A. 负责受理投诉的行政监督部门应当自受理投诉之日起 15 日内，对投诉事项作出处理决定

B. 行政监督部门应当根据调查和取证情况，对投诉事项进行审查

C. 行政监督部门的投诉处理决定不是终局的

D. 当事人对行政监督部门的投诉处理决定不服的，可以依法申请行政复议或者向人民法院提起行政诉讼

256. 调查取证是对投诉进行处理的基础，下列不属于行政监督部门在对投诉进行调查取证时采取的主要方式的是（　　）。

A. 调取、查阅有关文件　　B. 听取被投诉人的陈述和申辩

C. 询问相关人员　　D. 调查投诉人和被投诉人的住址

257. 根据《工程建设项目招标投标活动投诉处理办法》的规定，负责招标投标投诉处理的工作人员，应当主动回避的情形不包括（　　）。

A. 其近亲属是被投诉人、投诉人的

B. 其近亲属是被投诉人、投诉人的主要负责人的

C. 在近 3 年内曾经在被投诉人单位担任管理职务的

D. 与被投诉人、投诉人有其他利害关系，可能影响对投诉事项公正处理的

258. 对于招标投标争议的民事诉讼，当事人不服地方人民法院第一审裁定的，有权在裁定书送达之日起（　　）日内向上一级人民法院提起上诉。

A. 3　　B. 5　　C. 7　　D. 10

259. 根据《中华人民共和国招标投标法实施条例》（国务院令第 613 号）的规定，下列不属于投标人相互串通投标的情形的是（　　）。

A. 投标人之间约定中标人

B. 投标人之间约定部分投标人放弃投标或者中标

C. 投标人之间协商投标报价等投标文件的非实质性内容

D. 投标人之间为谋取中标或者排斥特定投标人而采取的联合行动

260. 根据《中华人民共和国招标投标法实施条例》（国务院令第 613 号）的规定，投标人相互串通投标的情形不包括（　　）。

A．不同投标人的投标文件相互混装

B．不同投标人的投标文件由同一单位或者个人编制

C．不同投标人委托同一单位或者个人办理投标事宜

D．招标人在开标前开启投标文件并将有关信息泄露给其他投标人

261．根据《中华人民共和国招标投标法实施条例》（国务院令第 613 号）的规定，招标人与投标人串通投标的情形不包括（　　）。

A．投标人提供虚假的财务状况或者业绩的

B．招标人授意投标人撤换、修改投标文件的

C．招标人明示或者暗示投标人压低或者抬高投标报价的

D．招标人明示或者暗示投标人为特定投标人中标提供方便的

262．招标人已收取投标保证金的，应当自收到投标人书面撤回通知之日起____日内退还。投标截止后投标人撤销投标文件的，招标人可以____投标保证金。（　　）

A．2；退还　　B．3；不退还

C．5；不退还　　D．10；退还

263．投标保证金不得超过招标项目估算价的____。投标保证金有效期应当与____一致。（　　）

A．1%；评标有效期　　B．2%；投标有效期

C．3%；招标公告有效期　　D．5%；招标公告有效期

264．根据《中华人民共和国招标投标法实施条例》第 36 条规定，除（　　）情形外，招标人都应当拒收。

A．未通过资格预审的申请人提交的投标文件

B．逾期送达的投标文件

C．不按照招标文件要求密封的投标文件

D．在开标前一分钟送达的投标文件

265．下列关于投标文件的签收和拒收的表述中，不正确的是（　　）。

A．投标文件按照招标文件的规定时间送达后，招标人应签收保存

B．招标人收到投标文件后，应当向投标人出具标明签收人和签收时间的凭证，在开标前招标人或招标代理机构可以开启投标文件，以检查投标文件是否完整

C．如果投标文件没有按照招标文件要求送达，招标人可以拒绝受理

D．投标人应当在招标文件要求提交投标文件的截止时间前，将投标文件送达投标地点

266．《中华人民共和国招标投标法》规定，联合体成员的变更发生在（　　），其变更后联合体的资质需要进行重新审查。

A．通过资格预审之后　　B．通过资格预审之前

C．投标截止时间之后　　D．投标截止时间之前

267．根据《中华人民共和国招标投标法》的规定，下列关于联合体资格条件的表述，不正确的是（　　）。

A．联合体各方均应当具备承担招标项目的相应能力

B．由同一专业的单位组成的联合体，按照资质等级较高的单位确定其资质等级

C．政府采购人根据采购项目的特殊要求规定投标人特定条件的，联合体各方中至少应当有一方符合采购人规定的特定条件

D．机电产品国际招标文件如允许联合体投标，应当明确规定对联合体牵头方和组成方的资格条件及其他相应要求

268．《工程建设项目货物招标投标办法》规定，没有提出联合体申请的，（　　）不得组成联合体投标。

A．招标方案拟订完成后　　B．招标文件编制完成后

C．资格预审完成后　　D．招标标底编制完成后

269．《评标委员会和评标方法暂行规定》中规定，同意延长投标有效期的投标人（　　）。

A．不应当延长其投标担保的有效期，更不得修改投标文件的实质性内容

B．不应当延长其投标担保的有效期，但可修改投标文件的实质性内容

C．应当相应延长其投标担保的有效期，同时可修改投标文件的实质性内容

D．应当相应延长其投标担保的有效期，但不得修改投标文件的实质性内容

270．联合体形式的投标人在参与投标活动时，与单一投标人有所不同，下列不属于其不同点的是（　　）。

A．投标文件中必须附上联合体协议

B．投标文件中可以附上联合体协议

C．投标保证金的提交可以由联合体共同提交，也可以由联合体的牵头人提交

D．投标保证金对联合体所有成员均具有法律约束力

271．《中华人民共和国招标投标法实施条例》（国务院令第 613 号）规定，投标人在招标文件要求提交投标文件的截止时间之前撤回投标文件的，招标人应当自收到投标人书面撤回通知之日起（　　）日内退还。

A．5　　B．10　　C．15　　D．20

272．招标人延长投标有效期的，（　　）。

A．可以书面或口头形式通知投标人并获得投标人的书面同意

B．可以书面或口头形式通知投标人并获得投标人的书面或口头同意

C．应以书面形式通知投标人并获得投标人的书面同意

D．应以书面形式通知投标人并获得投标人的书面或口头同意

273．根据《中华人民共和国招标投标法实施条例》（国务院令第 613 号）的规定，资格预审后联合体增减、更换成员的，其投标（　　）。

A．有效　　B．无效　　C．效力待定　　D．可撤销

274．关于投标保证金，下列说法中，不正确的是（　　）。

A．投标人应当按照招标文件的要求提交投标保证金

B．投标保证金是投标文件的有效组成部分

C．投标保证金的担保形式应在招标文件中事先约定
D．投标保证金金额一般由双方约定

275．根据《中华人民共和国招标投标法》的规定，下列关于联合体投标保证金的提交表述中正确的是（　　）。
A．只能由联合体共同提交
B．只能由联合体的牵头人提交
C．可以由联合体共同提交，也可由联合体的牵头人提交
D．由招标人指定的联合体中的一方提交

276．工程建设项目招标中，投标人递交投标文件时未按招标文件要求密封。招标人应当（　　）。
A．不予受理　　B．移交评标委员会决定是否受理
C．提请监督机构决定是否受理　　D．受理

277．根据《中华人民共和国招标投标法》的规定，关于投标保证金的提交的表述中，正确的有（　　）。
A．对于联合体投标的，投标保证金可以由联合体各方共同提交
B．对于联合体投标的，投标保证金可以由联合体中的一方提交
C．以联合体中一方提交投标保证金的，对联合体各方均具有约束力
D．招标人不得在招标文件中要求联合体成员以自己的名义提交投标保证金

278．关于投标人无资格参加该招标项目的限制性规定不正确的是（　　）。
A．投标人是响应招标、参加投标竞争的法人或者其他组织
B．投标人以自然人身份参与投标
C．在工程建设项目施工招标时，招标人的任何不具独立法人资格的附属机构（单位）
D．为招标项目的前期准备或者监理工作提供设计、咨询服务的任何法人及其任何附属机构（单位）

279．下列关于联合体变更的表述中，不正确的是（　　）。
A．联合体成员的变更必须在投标截止时间之前得到招标人的同意
B．工程建设项目的联合体变更后，其资质降到资格预审文件中规定的最低标准以下的，招标人有权拒绝
C．招标人不得强制资格预审合格的投标人组成联合体
D．联合体成员的组成在资格预审后发生变化的，应予批准

280．根据《中华人民共和国招标投标法》的规定，招标文件提出的实质性要求和条件一般不包括（　　）等。
A．投标文件的签署　　B．招标项目完成期限
C．投标有效期　　D．所有的技术规格和标准

281．根据《中华人民共和国招标投标法实施条例》（国务院令第 613 号）的规定，招标人应当在资格预审公告、投标邀请书、（　　）中载明是否接受联合体投标。

A．开标一览表　　B．招标公告　　C．中标通知书　　D．招标文件

282．为了便于投标和合同执行，联合体所有成员共同指定联合体一方作为联合体的牵头人或代表，并授权牵头人代表所有联合体成员负责投标和（　　）的主办协调工作。

A．合同签订阶段　　B．准备合同签订阶段

C．合同实施阶段　　D．合同保管阶段

283．甲、乙、丙三家公司组成联合体进行投标。其所签订的共同投标协议约定：因联合体造成招标人损失时，甲、乙公司分别承担损失赔偿额的 30%，丙公司承担损失赔偿额的 40%。如该联合体造成招标人损失 100 万元，下列做法符合法律规定的是（　　）。

A．招标人可以向甲公司主张 50 万元的赔偿

B．招标人向丙公司主张 100 万元的赔偿，丙公司仅应赔偿 40 万元

C．招标人必须按照联合体协议中约定的比例分别向各成员主张赔偿额

D．乙公司向招标人赔偿 100 万元后，可以向丙公司追偿 70 万元

284．招标人规定投标文件递交地点时，比较适当的是（　　）。

A．与招标文件规定的开标地点一致

B．与招标文件发售地点一致

C．考虑开标时间前递交投标文件地点可能改变的要求

D．在行业主管部门指定的任何地点

285．在评标过程中，评标委员会成员中的招标人代表为了使本单位一直有业务关系的投标人中标，未能严格按照评标细则来进行评审，而是提高该投标人的分值并且压低其他投标人的分值。该行为违背了招投标的（　　）原则。

A．公开　　B．公平　　C．公正　　D．诚实信用

286．相对于公开招标方式，下列描述中不属于邀请招标优点的是（　　）。

A．招标投标的工作量较小

B．招标投标工作的花费相对较少

C．参与项目的投标人对项目的重视程度较高

D．投标人之间的竞争性相对较高

287．相对于邀请招标，下列描述中不属于公开招标的特点的是（　　）。

A．适应范围广，可使得投标人之间充分竞争

B．招标投标的成本相对较少

C．目前招标投标工作中采取的最为广泛的一种招标方式

D．采用公告而不是投标邀请书的形式发布信息

288．关于公开招标方式的特点，叙述错误的是（　　）。

A．招标人可以在较广的范围内选择承包商，投标竞争激烈，择优率更高

B．招标时间短、费用低

C．准备招标、对投标申请者进行资格预审和评标的工作量大

D．参加竞争的投标者越多，中标的机会就越小

第三章　建 设 项 目 投 标

1.（　　）是指投标人在投标截止时间前收回已经递交给招标人的投标文件，不再投标，或在规定时间内重新编制投标文件，并在规定时间内送达指定地点重新投标。

A．撤回　　B．撤销　　C．弃权　　D．退出

2.《中华人民共和国招标投标法》规定，招标项目属于建设施工的，投标文件的内容不包括（　　）。

A．拟派出的项目负责人的简历、业绩　　B．主要技术人员的简历、业绩

C．拟用于完成招标项目的机械设备　　D．商务和技术偏差表

3．某投标人在编制投标文件的时候出现了不同的意见，以下观点正确的是（　　）。

A．由于招标文件中没有要求提交投标保证金，投标人就可以不予提交

B．即使招标文件中没有要求提交投标保证金，投标人也要提交

C．投标保证金的数额与投标报价相同

D．投标保证金的数额与工程预付款相同

4．投标人在提交投标文件的同时，应按招标文件规定的（　　）向招标人提交投标保证金，并作为其投标文件的一部分。

A．金额、地点、标记　　B．形式、币种、地点

C．币种、标记、时间　　D．金额、形式、时间

5．按照《工程建设项目施工招标投标办法》规定，工程建设施工项目投标文件的构成一般不包括（　　）。

A．投标函　　B．施工组织设计

C．投标保证金　　D．商务和技术偏差表

6．以下不属于投标文件的内容是（　　）。

A．投标函　　B．施工组织设计　　C．施工方案　　D．技术规范

7．下列不属于投标文件内容的是（　　）。

A．施工组织设计　　B．投标函及投标函附录

C．缴税证明　　D．投标保证金或保函

8．不属于施工投标文件内容有（　　）。

A．投标函　　B．投标报价

C．拟签订合同的主要条款　　D．施工方案

9．下列属于工程投标文件组成的是（　　）。

A．技术性能参数的详细描述　　B．已标价的工程量清单

C．商务和技术偏差表　　D．技术建议书

10.《工程建设项目施工招标投标办法》规定，工程建设施工项目投标文件的构成一般不包括（　　）。

A. 投标函　　B. 投标人须知前附表

C. 投标报价　　D. 施工组织设计

11.《中华人民共和国招标投标法》明确规定，投标人应当按照（　　）的要求编制投标文件。

A. 资格预审文件　B. 合同文件　C. 招标文件　D. 实质性条款

12. 根据《工程建设项目施工招标投标办法》和《工程建设项目勘察设计招标投标办法》的规定，联合体牵头人应向招标人提交由所有联合体成员法定代表人签署的（　　）。

A. 委托书　B. 授权书　C. 代理合同　D. 责任书

13. 关于投标文件的补充与修改或撤回与撤销的表述中，正确的是（　　）。

A. 投标人在招标文件要求提交投标文件的截止时间之前，可以撤回已提交的投标文件，并书面通知招标人

B. 投标人在招标文件要求提交投标文件的截止时间之前，不得撤回已提交的投标文件

C. 投标人在招标文件要求提交投标文件的截止时间之前，可以撤回已提交的投标文件，并口头通知招标人

D. 投标人在招标文件要求提交投标文件的截止时间之前，可以补充或修改已提交的投标文件，并口头通知招标人

14. 投标人修改投标文件的书面通知应按照招标文件要求签字或盖章，修改的投标文件应按照招标文件规定进行（　　），并标明“修改”字样。

A. 编制、补充、标记和递交　　B. 编制、签署、补充和递交

C. 编制、密封、标记和递交　　D. 编制、管理、签署和递交

15. 投标人甲公司的下列行为，不属于《中华人民共和国招标投标法》明令禁止的是（　　）。

A. 甲公司以低于另一家公司的成本报价投标

B. 以乙公司名义投标

C. 与该项目另一投标联合体牵头人丙商定投标价格

D. 与招标人商定投标价格

16. 根据《评标委员会和评标方法暂行规定》的规定，下列关于招标人延长投标有效期的说法不正确的是（　　）。

A. 投标人有权拒绝延长

B. 投标人拒绝延长的有权收回投标保证金

C. 投标人同意延长投标有效期的，应当相应延长其投标担保的有效期

D. 因不可抗力延长投标有效期给投标人造成损失的，招标人应当给予补偿

17. 根据《中华人民共和国招标投标法实施条例》(国务院令第613号)的规定，投标人除（　　）外的情形之一的，属于《中华人民共和国招标投标法》规定的弄虚作假行为。

A. 提供虚假的信用状况

B．提供虚假的财务状况或者业绩

C．不同投标人的投标保证金从同一单位或者个人的账户转出

D．提供虚假的项目负责人或者主要技术人员简历、劳动关系证明

18．甲公司参加某项目的投标，该项目招标文件开始发出之日为2009年9月1日，开标时间为2009年9月26日上午9点30分，投标有效期为90天。甲公司修改投标文件直在（　　）进行。

A．2009年12月25日上午9点30分前

B．2009年9月26日上午9点30分前

C．2009年9月26日上午9点30分后

D．2009年11月31日前

19．建筑工程方案设计投标文件一般包括（　　）。

A．商务文件和技术文件　　B．使用说明文件和投资文件

C．商务文件和使用说明文件　　D．投资文件和技术文件

20．下列关于投标人对投标文件修改的说法中，正确的是（　　）。

A．投标人提交投标文件后不得修改其投标文件

B．投标人可以利用评标过程中对投标文件澄清的机会修改其投标文件，且修改内容应当作为投标文件的组成部分

C．投标人对投标文件的修改，可以使用单独的文件进行密封、签署并提交

D．投标人修改投标文件的，招标人有权接受较原投标文件更为优惠的修改并拒绝对招标人不利的修改

21．下列关于投标文件密封的说法中，错误的是（　　）。

A．投标文件的密封可以在公证机关的见证下进行

B．投标文件未按照招标文件要求密封的，招标人有权不予退还该投标人的投标保证金

C．招标人可以在法律规定的基础上，对密封和标记增加要求

D．投标文件未密封的不得进入开标

22．下列选项中，不属于投标人实施的不正当行为的是（　　）。

A．投标人以低于成本的报价竞标

B．招标者预先内定中标者，在确定中标者时以此决定取舍

C．投标人以高于成本10%以上的报价竞标

D．投标者之间进行内部竞价，内定中标人，然后再参加投标

23．按照建筑法及其相关规定，投标人之间（　　）不属于串通投标的行为。

A．相互约定抬高或者降低投标报价

B．约定在招标项目中分别以高、中、低价位报价

C．相互探听对方投标标价

D．先进行内部竞价，内定中标人后再参加投标

24．下列不属于联合体协议书的主要内容的是（　　）。

A. 联合体成员的数量
B. 牵头人和成员单位名称
C. 联合体内部分工
D. 联合体成员的资质条件

25. 联合体协议书的内容一般不包括（　　）。
A. 联合体成员的数量
B. 牵头人和成员单位名称
C. 联合体协议中牵头人的职责、权利及义务
D. 联合体内各成员单位对招标代理费承担的比例

26. 下列内容中，属于投标联合体协议书中必须包括的有（　　）。
A. 联合体成员名称
B. 联合体各成员承担投标费用的比例
C. 联合体成员的资质条件
D. 联合体资格证明文件

27. 下列不会被招标人拒绝接收的投标文件是（　　）。
A. 未能在招标文件要求的时间前送至规定的地点的招标文件
B. 投标人未对招标文件中的重要条款完全响应的投标文件
C. 未按照招标文件的要求进行密封的投标文件
D. 未购买招标文件的潜在投标人的投标文件

28. 在投标截止前，投标人下列办理投标文件撤回的情形中，属于无效撤回的是（　　）。
A. 投标人的授权代表的助理递交了授权代表签发的撤回投标函，但未取回投标文件
B. 投标人的授权代表电话联络招标人后，并由授权代表的助理直接要求取回投标文件
C. 投标人的授权代表已向招标人递交本人签发的撤回投标函，但未取回投标文件
D. 投标人的法定代表人直接向招标人递交了本人签发的撤回投标函，并取回投标文件

29. 凡联合体参与投标的，采用资格预审，且接受联合体投标的招标项目，投标人应在资格预审申请文件中提交（　　）。
A. 联合体协议书正本
B. 联合体协议书副本
C. 联合体协议书正本复印件
D. 联合体协议书正本和副本

30. 关于投标文件的装订，下列叙述中错误的是（　　）。
A. 投标文件正本与副本应一并装订成册，并编制目录
B. 投标文件正本与副本封面上应标记“正本”或“副本”，正本和副本份数应符合招标文件规定
C. 投标文件正本与副本都不得采用活页夹
D. 投标文件正本与副本要求逐页标注连续页码

31. 递交投标文件的最佳方式是（　　）。
A. 直接送达
B. 邮寄方式送达
C. 以网络传递方式送达
D. 以传真形式送达

32. 下列不属于授权委托书中应写明的是（　　），授权委托书一般规定代理人不能再次委托。

A．投标人名称　　　　　　　　　　　　B．法定代表人姓名
C．代理人名称　　　　　　　　　　　　D．投标人地址

33．在招标投标活动中，法定代表人代表法人的利益行使职权，全权处理一切民事活动，因此，法定代表人身份证明十分重要，用以证明投标文件签字的（　　）。
A．客观性和真实性　　　　　　　　　　B．客观性和有效性
C．有效性和合法性　　　　　　　　　　D．真实性和有效性

34．联合体协议书中首先必须明确（　　）。
A．联合体成员的数量　　　　　　　　　B．联合体牵头人的职责
C．联合体牵头人的权利　　　　　　　　D．联合体牵头人的义务

35．在招标文件中，如有分包工程，工程招标项目要求提供分包项目情况，投标人应说明的内容不包括（　　）。
A．分包工程的内容　　　　　　　　　　B．分包工程的计划工期
C．分包人的资质　　　　　　　　　　　D．营业执照号码

36．工程投标函的主要内容不包括（　　）。
A．投标有效期　　B．履约保证金　　C．中标后的承诺　　D．投标函的签署

37．资格审查资料不包括（　　）。
A．管理情况　　B．业绩情况　　C．财务情况　　D．涉及的诉讼情况

38．投标人承诺的（　　）都是基于投标人的书面签署。
A．专业性和可操作性　　　　　　　　　B．执行性和可操作性
C．专业性和规范性　　　　　　　　　　D．执行性和规范性

39．工程投标函附录一般附于投标函之后，共同构成合同文件的组成部分，主要内容是对投标文件中涉及（　　）的内容条款进行说明或强调。
A．商务条款偏离　　　　　　　　　　　B．资格证明材料
C．工程量清单　　　　　　　　　　　　D．关键性或实质性

40．下列关于投标文件的叙述，错误的是（　　）。
A．法定代表人身份证明应加盖投标人的法人印章
B．法定代表人应在授权委托书上亲笔签名或使用印章（或签名章）签名
C．资格预审项目，投标人在资格预审文件中提交联合体协议书正本，递交投标文件时，只需提交副本或正本复印件
D．投标函附录一般附于投标函之后，一起构成合同文件重要组成部分

41．关于投标文件编写表述不正确的一项是（　　）。
A．投标文件应按招标规定的格式编写
B．投标文件应对招标文件有关工期、投标有效期等实质性内容作出全面具体的响应
C．投标文件正本应用不褪色墨水书写

D．投标文件不允许有附页出现

42．施工招标过程中，不属于投标人在开标评标与授标阶段工作内容的是（　　）。

A．提交澄清资料　　B．进行合同谈判

C．组织开标会议　　D．签订施工合同

43．投标单位遇到（　　）等情形时，其报价可高一些。

A．附近有工程而本项目可利用该工程的设备、劳务或有条件短期内突击完成的工程

B．支付条件差的工程

C．投标对手多，竞争激烈的工程

D．施工条件好的工程，工作简单、工程量大而其他投标人都可以做的工程

44．投标单位遇到（　　）等情形时，其报价可高一些。

A．竞争对手较弱，而投标人与之相比有明显的技术、管理优势

B．竞争对手较多，而投标人无明显的优势

C．投标人在建任务少，无后继工程

D．施工条件好的工程，工作简单、工程量大而其他投标人都可以做的工程

45．下列不属于工程项目的组成的是（　　），在考虑划分施工标段时，既要考虑不会产生各承包单位施工的交叉干扰，又要注意各承包单位之间在空间和时间上的衔接。

A．单项工程　　B．专业工程　　C．分部工程　　D．单位工程

46．投标单位遇到（　　）的情形时，其报价可低一些。

A．施工条件好的工程，工作简单、工程量大而其他投标人都可以做的工程

B．招标人对投标人特别满意，希望发包给本承包商

C．特殊工程，如地下开挖工程等

D．投标人在建任务饱满，但招标项目利润丰厚，值得且能实际承受超负荷运转

47．投标单位遇到（　　）的情形时，其报价可低一些。

A．投标对手多的工程

B．总价低的小工程，以及投标单位不愿做而被邀请投标，又不便不投标的工程

C．特殊工程，如地下开挖工程等

D．专业要求高的技术密集型工程且投标单位在这方面有专长，声望也较高

48．解释合同文件的优先顺序为（　　）。

A．中标通知书→合同协议书→通用合同条款→专用合同条款→投标函及投标函附录→技术标准和要求→图纸→已标价工程量清单→其他合同文件

B．合同协议书→中标通知书→投标函及投标函附录→专用合同条款→通用合同条款→技术标准和要求→图纸→已标价工程量清单→其他合同文件

C．合同协议书→中标通知书→图纸→投标函及投标函附录→通用合同条款→专用合同条款→技术标准和要求→已标价工程量清单→其他合同文件

D．中标通知书→合同协议书→图纸→投标函及投标函附录→专用合同条款→通用合同条款→技术标准和要求→已标价工程量清单→其他合同文件

49. 建立一个强有力的、内行的投标班子是投标获得成功的根本保证。投标班子应由三类人才组成，下列不属于该类人才的是（　　）。

A. 经营管理类人才　　B. 专业技术人才

C. 商务金融人才　　D. 决策类人才

50. 下列不属于投标程序的是（　　）。

A. 发布招标公告　　B. 参加资格预审并购买标书

C. 编制施工组织设计　　D. 递交投标文件

51. 下列不属于投标书主要内容的是（　　）。

A. 投标报价　　B. 质量、工期目标

C. 履约保证金　　D. 支付保证金

52. 投标文件的正本数量为（　　）份。

A. 1　　B. 2　　C. 3　　D. 4

53. 投标文件的副本数量为（　　）份。

A. 1　　B. 2

C. 3　　D. 按招标文件前附表要求提供

54. 当投标文件中的正本与副本不一致时，应以（　　）为准。

A. 正本　　B. 副本　　C. 招标人解释　　D. 投标人解释

55. 投标文件应由投标人的（　　）签署、加盖印鉴，并加盖单位公章。

A. 法定代表人　　B. 项目经理

C. 技术负责人　　D. 参加开标会的投标人代表

56. 下列不属于投标报价的依据的是（　　）。

A. 招标文件　　B. 清单计价规范

C. 施工方案　　D. 评标标准

57.《建筑工程施工发包与承包计价管理办法》（建设部令第 107 号）规定，施工图预算、招标标底、投标报价由（　　）、利润和税金构成。

A. 直接费　　B. 间接费　　C. 人工费　　D. 直接费、间接费

58. 投标报价编制可以采用工料单价法和（　　）计算。

A. 估算法　　B. 扩大指标估算法

C. 综合单价法　　D. 概算指标法

59. 投标报价编制可以采用（　　）和综合单价法计算。

A. 施工图预算法　　B. 扩大指标估算法

C. 工料单价法　　D. 估算指标法

60. 下列不属于直接费的是（　　）。

A．规费 B．人工费 C．材料费 D．措施费

61．下列不属于直接费的是（ ）。
A．机械费 B．社会保障费 C．材料费 D．环境保护费

62．下列费用中，属于建筑安装工程直接工程费的是（ ）。
A．施工机械大修费 B．材料二次搬运费
C．生产工人退休工资 D．生产职工教育经费

63．根据《建设工程工程量清单计价规范》（GB 50500—2013）的规定，下列各项措施项目不属于可列的通用措施项目的是（ ）。
A．工程排污费 B．施工降水费
C．冬雨季施工增加费 D．二次搬运费

64．建筑安装工程造价中的税金不包括（ ）。
A．营业税 B．所得税
C．城乡维护建设税 D．教育费附加

65．建筑安装工程费中的税金是指（ ）。
A．营业税、增值税和教育费附加
B．营业税、固定资产投资方向调节税和教育费附加
C．营业税、城乡维护建设税和教育费附加
D．营业税、城乡维护建设税和固定资产投资方向调节税

66．在下列费用中不属于建筑安装工程措施费的是（ ）。
A．安全施工费 B．工具、用具使用费
C．混凝土、钢筋混凝土模板及支架费 D．脚手架费

67．根据我国现行《建筑安装工程费用项目组成》（建标〔2013〕44 号）文件的规定，下列各费用项目中属于措施费的是（ ）。
A．安全施工费 B．施工机械作业时所发生的安拆费
C．建设单位临时设施费 D．工程排污费

68．根据《建筑安装工程费用项目组成》（建标〔2013〕44 号）文件的规定，下列各项中属于施工机械使用费的是（ ）。
A．机械夜间施工增加费 B．大型机械设备进出场费
C．台班燃料动力费 D．机械经常修理费

69．建筑安装工程直接费中的人工费是指（ ）。
A．施工现场所有人员的工资性费用
B．施工现场与建筑安装施工直接有关的人员的工资性费用
C．直接从事建筑安装工程施工的生产工人开支的各项费用
D．从事建筑安装工程施工的生产工人及机械操作人员的开支的各项费用

70. 根据《建筑安装工程费用项目组成》（建标〔2013〕44 号）文件的规定，下列属于直接工程费中人工费的是生产工人（　　）。

A. 失业保险费　　B. 危险作业意外伤害保险费
C. 劳动保险费　　D. 劳动保护费

71. 根据《建筑安装工程费用项目组成》（建标〔2013〕44 号）文件的规定，下列属于直接工程费中人工费的是（　　）。

A. 6 个月以上的病假人员的工资　　B. 装载机司机工资
C. 公司安全监督人员工资　　D. 电焊工产、婚假期的工资

72. 按照《建筑安装工程费用项目组成》（建标〔2013〕44 号）文件的规定，大型机械设备进出场及安拆费列入（　　）。

A. 施工机械使用费　　B. 施工机构迁移费
C. 措施费　　D. 间接费

73. 根据《建筑安装工程费用项目组成》（建标〔2013〕44 号）文件的规定，下列属于规费的是（　　）。

A. 环境保护费　　B. 工程排污费　　C. 安全施工费　　D. 文明施工费

74. 按照建筑法规定，企业为从事危险作业的建筑安装施工人员支付的意外伤害保险费应计入（　　）。

A. 人工费　　B. 措施费　　C. 规费　　D. 企业管理费

75. 建筑安装工程费中的规费不包括（　　）。

A. 职工教育经费　　B. 社会保障费
C. 工程排污费　　D. 住房公积金

76. 下列费用中，（　　）属于建筑安装工程间接费。

A. 企业管理费　　B. 工程监理费
C. 建设单位管理费　　D. 勘察设计费

77. 间接费由企业管理费和（　　）组成。

A. 规费　　B. 财务管理费
C. 措施费　　D. 其他费

78. 下列费用中，（　　）不属于建筑安装工程间接费的内容。

A. 承包商为筹集资金而发生的各项费用支出
B. 承包商的工会经费
C. 承包商的劳动保险费
D. 建筑工程一切险的保险费

79. 属于建筑安装工程间接费的是（　　）费。

A. 施工单位搭设的临时设施　　B. 高空、井下等特殊工种安全保险

C．劳动保险　　D．工程保修

80．根据我国现行《建筑安装工程费用项目组成》（建标〔2013〕44 号）文件的规定，下列不属于社会保障费的是（　　）。

A．住房公积金　　B．养老保险费

C．失业保险费　　D．医疗保险费

81．根据《建筑安装工程费用项目组成》（建标〔2013〕44 号）文件的规定，下列选项中属于施工机械使用费的是（　　）。

A．文明施工费　　B．脚手架费

C．燃料动力费　　D．工具用具使用费

第四章　合　同　法

1．（　　）是调整一定范围经济关系的法律规范的总称。
A．经济法　　B．劳动法　　C．社会法　　D．行政法

2．（　　）所调整的是一定范围的经济关系。
A．行政法　　B．劳动法　　C．社会法　　D．经济法

3．（　　）是指法律规范在调整人们行为的过程中形成的权利与义务关系。
A．法律　　B．法律关系　　C．社会关系　　D．经济关系

4．（　　）是由法律关系主体、法律关系客体和法律关系内容三个要素构成。
A．法律　　B．法律关系　　C．社会关系　　D．经济关系

5．法律关系是由（　　）、法律关系客体和法律关系内容三个要素构成。
A．法律关系主体　　B．法律主体　　C．法律形式　　D．法律规定

6．法律关系是由法律关系主体、（　　）和法律关系内容三个要素构成。
A．法律主体　　B．法律关系客体　　C．法律形式　　D．法律规定

7．法律关系是由法律关系主体、法律关系客体和（　　）三个要素构成。
A．法律形式　　B．法律主体　　C．法律关系内容　　D．法律规定

8．（　　）是在经济领域中发生的意志关系。
A．法律　　B．法律关系　　C．经济法律关系　　D．经济关系

9．（　　）是经济法规定和调整的法律关系。
A．经济法律关系　　B．法律关系　　C．法律　　D．经济关系

10．（　　）包含着经济内容。
A．经济关系　　B．法律关系　　C．法律　　D．经济法律关系

11．经济法律关系具有（　　）。
A．稳定性　　B．适用性　　C．实用性　　D．强制性

12．经济法律关系中的经济权利与义务一旦形成，即受国家强制力保护，反映经济法律关系具有（　　）。
A．稳定性　　B．强制性　　C．实用性　　D．权威性

13．（　　）是经济法律关系产生和内容能够实现的前提。
A．经济关系　　B．经济法规　　C．经济规律　　D．以上都不对

14．经济法律关系中的当事者意志必须以（　　）为依据，不能违背其基本内容。

A．经济规定　　B．经济内容　　C．国家意志　　D．国家权力

15．关于经济法律关系，以下描述错误的是（　　）。
A．经济法律关系是法律关系的一种表现形式
B．经济法律关系是经济法规定和调整的法律关系
C．经济法律关系中包含着经济内容
D．经济法律关系不具有强制性

16．关于经济法律关系，以下描述错误的是（　　）。
A．经济法律关系是法律关系的一种表现形式
B．经济法律关系是经济法规定和调整的法律关系
C．经济法律关系中不包含经济内容
D．经济法律关系具有强制性

17．关于经济法律关系，以下描述错误的是（　　）。
A．经济法律关系是法律关系的一种表现形式
B．经济法律关系是合同法规定和调整的法律关系
C．经济法律关系中包含着经济内容
D．经济法律关系具有强制性

18．关于经济法律关系，以下描述错误的是（　　）。
A．经济法律关系中的当事者意志是以个人意志为依据的
B．经济法律关系是经济法规定和调整的法律关系
C．经济法律关系中包含着经济内容
D．经济法律关系具有强制性

19．下面说法错误的是（　　）。
A．经济法律关系的主体也称经济法主体
B．经济法律关系主体资格由经济法规确定
C．经济法律关系主体的成立不需要具备一定的资格
D．经济法律关系具有强制性

20．（　　）也称经济法的主体，是指在经济活动管理协调过程中依法独立享有经济权利和承担经济义务的当事人。
A．经济法律关系的主体　　B．经济法律关系的客体
C．经济法律关系的内容　　D．经济法律关系

21．下列不属于经济法主体范围的是（　　）。
A．国家机关　　B．罪犯　　C．经济组织　　D．公民

22．（　　）是指经济法律关系的主体享有的经济权利和承担的经济义务。
A．经济法律关系的主体　　B．经济法律关系的客体
C．经济法律关系的内容　　D．经济法律关系

23．（　　）是经济法律关系的核心，直接体现了经济法律关系主体的利益和要求。

A．经济法律关系的主体　　B．经济法律关系的客体

C．经济法律关系　　D．经济法律关系的内容

24．（　　）是指经济法律关系主体在经济管理和经济协调关系中依法具有的为满足自己的利益而采取的一定行为和要求他人的法律义务所保证的行为资格。

A．经济权利　　B．经济法律关系　　C．经济组织　　D．经济义务

25．（　　）是指经济法律关系主体为了满足特定的权利主体的权利，在法律规定的范围内必须实施或不实施某种经济行为。

A．经济权利　　B．经济法律关系　　C．经济组织　　D．经济义务

26．经济权利的本质在于（　　）。

A．根据自己的意志实施一定的经济行为

B．满足经济法律关系主体的经济利益

C．负有法律义务的人作出一定的行为

D．经济主体获得了实现经济利益的自由

27．（　　）是经济权利的实质和核心内容。

A．根据自己的意志实施一定的经济行为

B．满足经济利益

C．负有法律义务的人作出一定的行为

D．经济主体获得了实现经济利益的自由

28．下列关于经济权利的含义，说法错误的是（　　）。

A．经济法律关系主体在法定范围内满足自己的利益需要，根据自己的意志实施一定的经济行为

B．经济法律关系主体有权依法要求负有法律义务的人作出或不作出一定的行为

C．经济法律关系主体因他人行为使其合法权利受到侵害或不能实现时，不能请求国家机关给予强制力保护

D．满足经济法律关系主体的经济利益是经济权利的实质和核心内容

29．下列关于经济义务的含义，说法错误的是（　　）。

A．义务主体实施的经济行为可以在法律规定的范围外进行

B．义务主体必须进行或不进行一定的行为，以保证经济法律关系中另一方的经济权利的实现或不影响对方的权利的实现

C．履行义务是国家强制力下的一种约束

D．经济义务是相对经济权利而存在的

30．下列关于经济法律关系的内容，说法错误的是（　　）。

A．经济权利和义务依法律性质的不同而有所不同

B．经济权利和义务是相互依存、相互适应和相互制约的

C．经济权利和义务总是与一定的经济主体相联系

D．权利的实现和义务的履行不需要通过经济主体的活动来实现

31．下列关于经济法律关系的内容，说法错误的是（　　）。
A．经济权利和义务总是与一定的经济主体相联系
B．经济权利和义务是相互依存、相互适应和相互制约的
C．经济权利和义务是抽象存在的
D．权利的实现和义务的履行都要通过经济主体的活动来实现

32．（　　）是指经济法律关系主体享有经济权利和承担经济义务所共同指向的对象。
A．经济法律关系的主体　　B．经济法律关系的客体
C．经济法律关系　　D．经济法律关系的内容

33．（　　）是经济权利和经济义务所要实现的要求和目的所在。
A．经济法律关系的主体　　B．经济法律关系的客体
C．经济法律关系　　D．经济法律关系的内容

34．（　　）是确定权利行使与否和义务是否履行的客观标准。
A．经济法律关系的主体　　B．经济法律关系的客体
C．经济法律关系　　D．经济法律关系的内容

35．经济法律关系客体的类型不包括（　　）。
A．物　　B．经济行为　　C．社会团体　　D．智力成果

36．经济法律关系客体的类型不包括（　　）。
A．物　　B．经济行为　　C．财　　D．公民

37．（　　）是指法律关系的主体之间形成了一定的权利和义务关系。
A．法律关系的产生　　B．法律关系的变更
C．法律关系的终止　　D．法律关系的改变

38．（　　）是指法律关系的三个要素变化，包括主体变更、客体变更和法律关系终止。
A．法律关系的产生　　B．法律关系的终止
C．法律关系的变更　　D．法律关系的改变

39．（　　）是指法律关系中的权利和义务所指向的事物发生变化。
A．法律关系主体变更　　B．法律关系的改变
C．法律关系终止　　D．法律关系客体变更

40．（　　）是指法律关系主体之间的权利和义务不复存在，彼此丧失了约束力。
A．法律关系主体变更　　B．法律关系的改变
C．法律关系终止　　D．法律关系客体变更

41．下列不属于法律关系变更的是（　　）。
A．法律关系的改变　　B．法律关系终止
C．主体变更　　D．客体变更

42. 法律关系终止根据原因不同分为（　　）。

A. 自然终止、人为终止、违约终止　　B. 自然终止、协议终止、违约终止

C. 自然终止、协议终止　　D. 自然终止、违约终止

43.（　　）是指依照经济法律、法规的有关规定，采取一定的措施，保证经济法律关系全面实现的行为。

A. 法律关系主体变更　　B. 法律关系的改变

C. 经济法律关系的保护　　D. 法律关系终止

44.（　　）的目的在于保证经济法律关系主体正确行使经济权利和切实履行经济义务。

A. 法律关系主体变更　　B. 法律关系的改变

C. 法律关系终止　　D. 经济法律关系保护

45. 经济法律关系保护的目的在于（　　）。

A. 保证经济法律关系主体正确行使经济权利和切实履行经济义务

B. 保证经济法律关系客体正确行使经济权利和切实履行经济义务

C. 保证经济法律关系内容的实现

D. 保证经济法律关系的强制力

46. 法律责任不包括（　　）。

A. 经济制裁　　B. 法律制裁　　C. 行政制裁　　D. 刑事制裁

47. 下列不属于经济制裁的是（　　）。

A. 罚款　　B. 支付违约金　　C. 记大过　　D. 没收财产

48. 下列不属于经济制裁的是（　　）。

A. 赔偿损失　　B. 支付违约金　　C. 强制收购　　D. 降级

49. 下列不属于经济制裁的是（　　）。

A. 警告　　B. 支付违约金　　C. 强制收购　　D. 没收财产

50. 下列不属于行政制裁的是（　　）。

A. 警告　　B. 支付违约金　　C. 记大过　　D. 留用察看

51. 下列不属于行政制裁的是（　　）。

A. 降级　　B. 勒令关闭　　C. 强制收购　　D. 留用察看

52.（　　）是指对违反经济法律、法规，造成严重后果，已触犯国家刑律的经济犯罪分子，依法给予的刑事处罚措施。

A. 经济制裁　　B. 法律制裁　　C. 行政制裁　　D. 刑事制裁

53.（　　）是由有关管理机关对违反经济法律、法规的单位和个人依法采取的行政处理措施。

A. 经济制裁　　B. 法律制裁　　C. 行政制裁　　D. 刑事制裁

54．（　　）既可作为刑罚的一种附加刑，也可作为一种单独的处罚方式。

A．没收财产　　B．强制收购　　C．记过　　D．罚款

55．下列关于违约金，说法错误的是（　　）。

A．由法律直接规定的违约金称为法定违约金

B．由当事人约定的违约金称为约定违约金

C．违约金低于造成损失的，当事人可以请求法院或仲裁机构予以增加

D．法定违约金优于约定违约金

56．下列关于违约金，说法错误的是（　　）。

A．违约金高于造成损失的，当事人可以请求法院或仲裁机构予以适当减少

B．由当事人约定的违约金称为法定违约金

C．违约金低于造成损失的，当事人可以请求法院或仲裁机构予以增加

D．约定违约金优于法定违约金

57．违约金高于造成损失的，当事人可以请求法院或仲裁机构予以（　　）。

A．适当减少　　B．不变　　C．增加　　D．以上说法都不对

58．违约金低于造成损失的，当事人可以请求法院或仲裁机构予以（　　）。

A．适当减少　　B．增加　　C．不变　　D．以上说法都不对

59．对违反经济法律、法规的行为实施制裁的根本目的在于（　　）。

A．维护社会法律关系秩序

B．保护社会法律关系当事人的合法权益

C．维护经济法律关系秩序，保护经济法律关系当事人的合法权益

D．以上说法都不对

60．代替他人进行一定法律行为的人称为（　　）。

A．代理人　　B．被代理人　　C．第三人　　D．以上说法都不对

61．由代理人代为行使法律行为的人称为（　　）。

A．代理人　　B．被代理人　　C．第三人　　D．以上说法都不对

62．与代理人进行法律行为的人称为（　　）。

A．代理人　　B．被代理人　　C．第三人　　D．以上说法都不对

63．下列关于代理的描述，说法错误的是（　　）。

A．代理是一种法律关系

B．代理人在代理权限内，以被代理人的名义实施的民事法律行为

C．与代理人进行法律行为的人称为第三人

D．被代理人对代理人的代理行为不承担民事责任

64．依照法律规定或者按照双方当事人约定，应当由本人实施的民事法律行为（　　）。

A．不得代理　　B．可以委托代理

C．可以指定代理　　　　　　　　　　D．视情况而定

65．不属于代理关系中法律关系的是（　　）。

A．代理人与被代理人之间的委托关系　　B．第三人与被代理人的指定关系

C．代理人与第三人之间的关系　　　　　D．被代理人与第三人之间的权利义务关系

66．关于代理的特征，下列表述错误的是（　　）。

A．代理行为必须是有法律意义的行为

B．代理人的行为所产生的法律后果直接由被代理人承担

C．代理行为是被代理人以代理人名义实施的法律行为

D．代理人在授权范围内可以根据自己的意志独立地进行活动

67．关于代理的特征，下列表述正确的是（　　）。

A．任何行为都可以代理

B．代理行为的法律后果归属于第三人

C．代理人应该以自己的名义实施代理行为

D．代理人应该以被代理人的名义实施代理行为

68．关于代理的特征，下列表述错误的是（　　）。

A．代理行为必须是有法律意义的行为

B．代理人的行为所产生的法律后果直接由被代理人承担

C．代理行为是代理人以被代理人名义实施的法律行为

D．代理人可以根据自己的意志独立地进行活动

69．根据代理权发生的依据不同，代理的种类有（　　）。

A．委托代理　　B．法定代理　　C．指定代理　　D．经济代理

70．（　　）又称授权代理，是委托代理人按照被代理人的委托行使代理权，与第三人实施法律行为而产生的代理关系。

A．委托代理　　B．法定代理　　C．指定代理　　D．经济代理

71．（　　）是一种单方的法律行为，仅凭被代理人的授权意思表示，即可产生代理授权的法律行为。

A．委托代理　　B．法定代理　　C．指定代理　　D．经济代理

72．（　　）是指代理人依照法律的直接规定实施法律行为而产生的代理关系。

A．委托代理　　B．法定代理　　C．指定代理　　D．经济代理

73．（　　）是指代理人按照人民法院或指定单位的指定，实施法律行为而产生的代理关系。

A．委托代理　　B．法定代理　　C．指定代理　　D．经济代理

74．关于代理的种类，下列表述错误的是（　　）。

A．委托代理关系需要通过委托合同明确代理人与被代理人的权利义务关系

B．法定代理与被代理人主观意愿没有关系

C．指定代理主要针对无行为能力人

D．被指定的人，可以以任何原因拒绝担任代理人

75．（　　）不是委托代理权终止的情况。

A．被代理人取得或恢复民事行为能力　　B．代理期限届满或代理事务完成

C．作为被代理人或代理人的法人终止　　D．代理人丧失民事行为能力

76．（　　）不是法定代理关系终止的情况。

A．被代理人取得或恢复民事行为能力

B．代理期限届满或代理事务完成

C．指定代理的人民法院或者指定单位取消指定

D．代理人丧失民事行为能力

77．代理权的滥用不包括（　　）。

A．自己代理　　B．双方代理　　C．取消代理　　D．恶意代理

78．（　　）是指代理人出于恶意与他人串通损害被代理人利益的经济行为。

A．自己代理　　B．双方代理　　C．取消代理　　D．恶意代理

79．（　　）是指代理人同时代理双方当事人进行同一项经济行为。

A．自己代理　　B．双方代理　　C．取消代理　　D．恶意代理

80．（　　）是指代理人没有代理权，超越代理权或在代理权终止后的情况下，以被代理人的名义实施的经济行为。

A．无权代理　　B．双方代理　　C．代理滥用　　D．恶意代理

81．下列不属于无权代理的是（　　）。

A．没有合法的授权行为　　B．代理行为超越了授权范围

C．代理人双方代理　　D．代理权已经消灭后的行为

82．下列关于无权代理，表述错误的是（　　）。

A．若无权代理由被代理人追认，变为有权代理

B．若无权代理被代理人拒绝追认，代理属于无效代理

C．被代理人指定他人以自己的名义实施经济行为作否认表示的，视为不同意

D．被代理人指定他人以自己的名义实施经济行为不作否认表示的，视为同意，但不承担所产生的法律责任

83．某施工企业请某律师代理诉讼属于（　　）。

A．委托代理　　B．法定代理　　C．指定代理　　D．表见代理

84．无民事行为能力人、限制民事行为能力人的监护人是他的（　　）。

A．委托代理人　　B．法定代理人　　C．指定代理人　　D．复代理人

85．某设计院法定代表人授权其合约部经理李某签订某工程设计合同，该行为属于（　　）。

A．表见代理　　B．法定代理　　C．委托代理　　D．指定代理

86．乙公司明知甲公司经营部部长被取消了对外签订合同的授权，还继续与其签订设备采购合同，因此给甲公司造成了经济损失，其法律后果应该由（　　）。

A．甲公司自行承担

B．乙公司自行承担

C．甲乙公司承担连带责任

D．乙公司和甲公司经营部张承担连带责任

87．在委托代理关系中，因为授权不明确而给第三人造成损失，则应该由（　　）。

A．被代理人与代理人向第三人承担连带责任

B．第三人自己承担

C．被代理人独自向第三人承担责任

D．代理人独自向第三人承担责任

88．在委托代理中，委托授权书的内容不包括（　　）。

A．代理人的姓名或名称　　B．第三人的姓名或名称

C．代理的事项、权限　　D．代理的期间

89．（　　）指权利人依照民事诉讼程序请求人民法院依法强制义务人向其履行义务，以保护其权利的时间效力。

A．时效　　B．诉讼期间　　C．诉讼时效　　D．诉讼时间

90．根据诉讼时效的适用范围，可分为（　　）。

A．普通诉讼时效和特殊诉讼时效　　B．一般诉讼时效和指定诉讼时效

C．普通诉讼时效和指定诉讼时效　　D．一般诉讼时效和特殊诉讼时效

91．民法规定除法律另有规定的外，向人民法院请求保护民事权利的诉讼时效期间为（　　）。

A．2年　　B．1年　　C．6个月　　D．3个月

92．《合同法》规定国际货物买卖合同和技术进出口合同争议提起诉讼或者申请仲裁的期限为（　　）年。

A．1　　B．2　　C．3　　D．4

93．下列诉讼时效期限不是1年的是（　　）。

A．身体受到伤害要求赔偿的　　B．国际货物买卖合同存在争议的

C．寄存财物被丢失或损毁的　　D．延付或拒付租金的

94．《中华人民共和国民法通则》规定，诉讼时效期间从（　　）起计算。

A．权利被侵害时　　B．权利被侵害后

C．知道或应该知道权利被侵害时　　D．以上都不对

95．《民法通则》规定，诉讼时效期间从知道或应该知道权利被侵害时起计算，但从权利被侵害之日超过（　　）年的，人民法院不予保护。

A．5　　B．10　　C．15　　D．20

96．诉讼时效的中止指在诉讼时效期间最后（　　），因不可抗力或其他障碍不能行使请求权，诉讼时效中止。

A．6个月　　B．1年　　C．2年　　D．3年

97．（　　）是指提起诉讼、当事人一方提出要求或同意履行义务而中断。

A．诉讼时效的中止　　B．诉讼时效的中断

C．诉讼时效的延长　　D．诉讼时效的终止

98．下面关于诉讼时效期间的表述中，错误的是（　　）。

A．诉讼时效期间为2年，法律另有规定的除外

B．出售质量不合格的商品为声明的，诉讼时效期间为1年

C．诉讼时效期间一律为2年

D．延付或拒付租金的，诉讼时效期间为1年

99．引起债的发生的法律事实不包括（　　）。

A．合同　　B．侵权行为　　C．不当得利　　D．债的产生

100．（　　）是引起债权债务关系的发生的最主要、最普遍的根据。

A．合同　　B．侵权行为　　C．不当得利　　D．无因管理

101．建筑工程债发生的最主要的依据是（　　）。

A．侵权行为　　B．合同　　C．不当得利　　D．无因管理

102．在债的发生依据中，既未受人之托，也不负有法律规定的义务，而自觉为他人管理事务或提供服务的行为是（　　）。

A．合同　　B．侵权行为　　C．不当得利　　D．无因管理

103．某工程项目为赶工期而昼夜施工，严重影响了相邻小区居民的休息，经现场劝阻无效，居民便成立了维权小组与该施工企业谈判，要求其停止夜间施工，并赔偿2万元作为抚慰金。关于该施工企业与相邻小区居民之间的关系，以下表述中正确的是（　　）。

A．其间构成了不当得利之债　　B．其间构成了无因管理之债

C．其间构成了侵权之债　　D．其间没有形成债的关系

104．债的消灭不包括（　　）。

A．债因取消而消灭　　B．债因履行而消灭

C．债因抵消而消灭　　D．债因混同而消灭

105．建筑工程中的贷款合同属于（　　）。

A．赠与合同　　B．买卖合同　　C．租赁合同　　D．借款合同

106．买卖合同中，标的物的所有权（　　）转移。

A．自标的物制作完成时　　B．自标的物交付时

C．自标的物签订合同时　　D．自标的物验收后

107．建筑企业使用的大型机械设备常采用（　　）。

A．承揽合同　　B．买卖合同
C．融资租赁合同　　D．借款合同

108．建筑工程合同（　　）。
A．是承包人进行工程建设、发包人支付价款的合同
B．是发包人进行工程建设、承包人支付价款的合同
C．不包括勘察、设计合同
D．以上说法都不对

109．建筑工程合同（　　）。
A．是一种诺成合同，也是一种双务、有偿合同
B．不是诺成合同，是一种双务、有偿合同
C．不是双务、有偿合同，是一种诺成合同
D．不是承揽合同

110．下列不是建筑工程合同特征的是（　　）。
A．合同主体的严格性　　B．合同履行期限的短期性
C．合同标的的特殊性　　D．合同形式的特殊要求

111．下列不是建筑工程合同特征的是（　　）。
A．合同主体的严格性　　B．合同形式的特殊要求
C．计划和程序的保密性　　D．合同形式的特殊性

112．下列不是建筑工程合同特征的是（　　）。
A．合同主体的严格性　　B．合同形式的特殊要求
C．计划和程序的保密性　　D．合同履行期限的长期性

113．关于建筑工程合同主体，表述错误的是（　　）。
A．建筑工程合同主体一般只能是法人
B．无营业执照的单位不能作为建筑工程合同主体
C．无承包资质的单位不能作为建筑工程合同主体
D．资质等级低的单位可以越级承包建设工程

114．建设工程合同的标的是各类建筑产品，建筑产品是不动产，不能移动，这就决定了每个建筑工程合同的标的都是特殊的，这表现了（　　）。
A．合同主体的严格性　　B．合同标的的特殊性
C．计划和程序的保密性　　D．合同形式的特殊要求

115．建设工程合同应当采用（　　）。
A．书面形式　　B．口头形式　　C．代理形式　　D．委托形式

116．按承发包的工程范围划分，建设工程合同不包括（　　）。
A．建设工程总承包合同　　B．建设工程承包合同

C．施工合同　　D．分包合同

117．按完成承包的内容进行划分，建设工程合同不包括（　　）。

A．建设工程勘察合同　　B．建设工程设计合同

C．建设工程施工合同　　D．分包合同

118．按付款方式进行划分，建设工程合同不包括（　　）。

A．成本加酬金合同　　B．总价合同

C．单价合同　　D．分包合同

119．发包人将工程建设的全过程发包给一个承包人的合同为（　　）。

A．建设工程总承包合同　　B．建设工程承包合同

C．施工合同　　D．分包合同

120．发包人如果将建设工程的勘察、设计、施工的每一项分别发包给一个承包人的合同为（　　）。

A．建设工程总承包合同　　B．建设工程承包合同

C．施工合同　　D．分包合同

121．经合同约定和发包人认可，从工程承包人承包的工程中承包部分工程而订立的合同为（　　）。

A．建设工程总承包合同　　B．建设工程承包合同

C．施工合同　　D．分包合同

122．（　　）是指在合同中确定一个完成建设工程的总价、承包单位据此完成项目全部内容的合同。

A．建设工程总承包合同　　B．成本加酬金合同

C．单价合同　　D．总价合同

123．（　　）是承包单位在投标时，按招标文件就分部分项工程列出的工程量表确定各分部分项工程费用的合同类型。

A．总价合同　　B．单价合同

C．成本加酬金合同　　D．建设工程总承包合同

124．（　　）是由发包人向承包单位支付建设工程的实际成本，并按事先约定的某一种方式支付酬金的合同类型。

A．总价合同　　B．单价合同

C．成本加酬金合同　　D．建设工程总承包合同

125．（　　）适用于工程量不太大且能精确计算、工期较短、技术不太复杂、风险不大的项目。

A．总价合同　　B．成本加酬金合同

C．单价合同　　D．建设工程总承包合同

126．（　　）的风险可以得到合理分摊，并且能够鼓励承包单位通过提高工效等手段从成本节约中提高利润。

A．总价合同　　B．成本加酬金合同

C．建设工程总承包合同　　D．单价合同

127．现在推行的工程量清单报价采用的是（　　）形式。

A．总价合同　　B．成本加酬金合同

C．单价合同　　D．建设工程总承包合同

128．（　　）的缺点是发包人对工程总造价不易控制，承包商往往不注意降低项目成本。

A．总价合同　　B．成本加酬金合同

C．单价合同　　D．建设工程总承包合同

129．发包人承担项目全部风险的合同是（　　）。

A．成本加酬金合同　　B．总价合同

C．单价合同　　D．建设工程总承包合同

130．成本加酬金合同不适用于（　　）。

A．需要立即开展工作的项目　　B．有标准图纸的项目

C．风险很大的项目　　D．新型的工程项目

131．合同的订立原则不包括（　　）。

A．强制力　　B．自愿原则　　C．守法原则　　D．诚实信用原则

132．（　　）是合同法重要的基本原则，也是一般国家的法律准则，体现了签订合同作为民事活动的基本特征。

A．公平原则　　B．自愿原则　　C．守法原则　　D．诚实信用原则

133．在订立合同时当事人有权选择对方当事人，体现了合同的（　　）。

A．公平原则　　B．守法原则　　C．自愿原则　　D．诚实信用原则

134．下列不能体现合同自愿原则的是（　　）。

A．当事人依法享有自愿签订合同的权利

B．合同构成自由

C．双方可以约定违约责任

D．在合同履行过程中，当事人不能修改合同内容

135．下列不能体现合同守法原则的是（　　）。

A．当事人依法享有自愿签订合同的权利

B．合同不能违反法律、不能与法律相抵触

C．签订合同的当事人在法律上处于平等地位

D．法律保护合法合同的签订和实施

136．关于合同的诚实信用原则，表述错误的是（　　）。

A．合同是在双方诚实信用的基础上签订的
B．诚实信用原则只体现在合同的履行的过程中
C．如果双方缺乏诚实信用，则合同不可能顺利实施
D．合同目标的实现依靠合同双方真诚的合作

137．（　　）是民事活动应当遵循的基本原则，合同调节双方民事关系，应不偏不倚，公平地维持合同双方的关系。
A．自愿原则　　B．守法原则　　C．公平原则　　D．诚实信用原则

138．（　　）是希望和他人订立合同的意思表示。
A．要约邀请　　B．承诺　　C．邀请　　D．要约

139．（　　）是希望他人向自己发出要约的意思表示。
A．要约邀请　　B．承诺　　C．邀请　　D．要约

140．寄送价目表一般视为（　　）。
A．承诺　　B．要约邀请　　C．邀请　　D．要约

141．拍卖公告、招标公告一般视为（　　）。
A．承诺　　B．邀请　　C．要约邀请　　D．要约

142．商业广告一般视为（　　）。
A．承诺　　B．邀请　　C．要约邀请　　D．要约

143．关于要约的表述，错误的是（　　）。
A．要约是一种法律行为
B．要约是希望和他人订立合同的意思表示
C．商业广告的内容符合要约规定的，视为要约
D．任何时候要约人都不受要约的约束

144．关于要约的表述，错误的是（　　）。
A．要约是一种法律行为
B．要约是希望和他人订立合同的意思表示
C．商业广告的内容符合要约规定的，仍视为要约邀请
D．在规定的有效期限内，要约人要受到要约的约束

145．要约（　　）生效。
A．到达受约人时　　B．发出时
C．发出后　　D．以上说法都不对

146．关于要约生效，表述错误的是（　　）。
A．要约到达受约人时生效
B．采用数据电文形式订立合同，收件人指定特定系统接收数据电文的，该数据电文发出的时间，视为到达时间

C．采用数据电文形式订立合同，收件人未指定特定系统的，该数据电文进入收件人的任何系统的首次时间，视为达到时间

D．采用数据电文形式订立合同，收件人指定特定系统接收数据电文的，该数据电文进入该特定系统的时间，视为到达时间

147．采用数据电文形式订立合同，收件人指定特定系统接收数据电文的，（　　）视为到达时间。

A．该数据电文发出的时间

B．该数据电文被确认的时间

C．该数据电文进入收件人的任何系统的首次时间

D．该数据电文进入该特定系统的时间

148．关于要约撤回，下列表述错误的是（　　）。

A．撤回要约的通知必须在要约到达受要约人之前到达

B．撤回要约的通知可与要约同时到达受要约人

C．撤回要约的通知应在要约到达受要约人之前到达

D．要约可以撤回

149．关于要约撤销，下列表述错误的是（　　）。

A．要约可以撤销

B．撤销要约的通知必须在要约到达受要约人之前到达

C．撤销要约的通知应在受要约人发出承诺通知前到达要约人

D．以上说法有对有错

150．要约失效的情形包括（　　）。

①拒绝要约的通知到达要约人；②要约人依法撤销要约；③承诺期限届满，受要约人未作出承诺；④受要约人对要约的内容作出实质性变更。

A．①　　B．①②　　C．③④　　D．①②③④

151．（　　）不属于要约失效的情形。

A．拒绝要约的通知到达要约人

B．要约人依法撤销要约

C．受要约人对要约的内容作出非实质性变更

D．承诺期限届满，受要约人未作出承诺

152．（　　）是指合同当事人一方对另一方发来的要约，在要约有效期限内，作出完全同意要约条款的意思表示。

A．要约　　B．要约邀请　　C．承诺　　D．以上说法都不对

153．（　　）是受要约人同意要约的意思表示。

A．承诺　　B．要约邀请　　C．要约　　D．以上说法都不对

154．关于承诺的概念，下列表述错误的是（　　）。

A．承诺是一种法律行为
B．受要约人对要约中的某些条款提出修改、补充、部分同意，视为有效的承诺
C．承诺必须是要约的相对人在要约有效期限内以明示的方式作出，并送达要约人
D．承诺必须是承诺人作出完全同意要约的条款方为有效

155．关于承诺的概念，下列表述正确的是（　　）。
A．迟到送达的承诺，应视为有效的承诺
B．受要约人对要约中的某些条款提出修改、补充、部分同意，应视为有效的承诺
C．受要约人对要约中的某些条款提出新的条件，应视为有效的承诺
D．承诺必须是承诺人作出完全同意要约的条款方为有效

156．关于承诺的法律约束力的条件，下列表述错误的是（　　）。
A．承诺须由受要约人向要约人作出
B．非受要约人向要约人作出的意思表示不属于承诺
C．承诺的内容与要约的内容可以不同
D．承诺人必须在要约有效期限内作出承诺

157．受要约人超过承诺期限发出的承诺，除要约人及时通知受要约人该承诺有效的以外，应为（　　）。
A．新要约　B．要约邀请　C．要约　D．承诺

158．关于承诺的期限，下列表述正确的是（　　）。
A．要约可以不在要约确定的期限内达到要约人
B．要约没有确定承诺期限的，如要约以对话方式作出，应当及时作出承诺，当事人另有约定的除外
C．要约没有确定承诺期限的，如要约以非对话方式作出，承诺可以在任何时间到达
D．以上说法都不对

159．（　　）合同成立。
A．承诺发出时　B．要约邀请发出时
C．要约发出时　D．承诺生效时

160．关于承诺的撤回，下列表述错误的是（　　）。
A．承诺不可以撤回
B．撤回承诺的通知应当在承诺通知到达要约人之前到达
C．要约没有确定承诺期限的，如要约以非对话方式作出，承诺可以在任何时间到达
D．承诺可以撤回，但不能因承诺的撤回而损害要约人的利益

161．（　　）也即承诺的迟到，是指受要约人主观上超过承诺期而发出的承诺。
A．承诺的撤回　B．承诺的超期　C．承诺延误　D．以上都不对

162．（　　）是指承诺人发出承诺后，被外界原因而延误到达。
A．承诺的撤回　B．承诺的超期　C．承诺延误　D．以上都不对

163．关于承诺的超期，下列表述错误的是（　　）。

A．承诺的超期也即承诺的迟到

B．迟到的承诺要约人可以承认其效力，但必须及时通知受要约人

C．承诺的超期指受要约人主观上超过承诺期而发出的承诺

D．迟到的承诺要约人可以承认其效力，不须通知受要约人

164．下列表述错误的是（　　）。

A．承诺内容应当与要约内容一致

B．受要约人对要约的内容作出实质性变更的，为新要约

C．合同标的、数量、质量的变更，是对要约内容的实质性变更

D．合同价款、履行地点、履行方式的变更，不是对要约内容的实质性变更

165．下列表述错误的是（　　）。

A．承诺不可以撤回

B．受要约人对要约的内容作出实质性变更的，为新要约

C．合同标的、数量、质量的变更，是对要约内容的实质性变更

D．合同价款、履行地点、履行方式的变更，是对要约内容的实质性变更

166．（　　）是指当事人享有的权利和承担的义务，主要以各项条款确定。

A．承诺的内容　　B．合同的内容

C．要约的内容　　D．要约邀请的内容

167．合同的主要条款不包括（　　）。

A．当事人的名称或姓名和住所　　B．标的

C．联系方式　　D．违约责任

168．合同的主要条款不包括（　　）。

A．质量　　B．履行地点

C．解决争议的方法　　D．联系方式

169．合同的主要条款不包括（　　）。

A．付款方法　　B．履行地点　　C．违约方式　　D．数量

170．标的不可以是（　　）。

A．物　　B．合同的内容　　C．行为　　D．智力成果

171．标的不可以是（　　）。

A．某种权利　　B．项目　　C．合同的内容　　D．智力成果

172．争议解决的方法不包括（　　）。

A．和解　　B．仲裁　　C．诉讼　　D．协商

173．（　　）是指当事人以对话的方式达成的协议，一般用于数额较小或现款交易。

A．口头形式　　B．书面形式　　C．推定形式　　D．默示形式

174.（　　）是指合同书、信件和数据电文等可以有形地表现所载内容的形式。

A．口头形式　　B．书面形式　　C．推定形式　　D．默示形式

175．关于合同的形式，说法错误的是（　　）。

A．合同形式是指协议内容借以表现的形式

B．合同的形式仅有书面形式

C．法律、行政法规规定采用书面形式的，应当采用书面形式

D．当事人约定采用书面形式的，应当采用书面形式

176．关于合同的主要条款，说法错误的是（　　）。

A．当事人是合同的主体，要把名称、姓名、住所规定准确、清楚

B．标的是当事人权利义务共同所指向的对象

C．标的不明确的，合同关系仍然成立

D．没有数量条款的规定，就无法确定双方权利义务的大小

177．关于合同的主要条款，说法错误的是（　　）。

A．当事人是合同的主体，要把名称、姓名、住所规定准确、清楚

B．标的是当事人权利义务共同所指向的对象

C．标的可以是物、行为、智力成果

D．当事人约定质量条款时，只需按照约定，不需符合国家的规定

178．关于合同的主要条款，说法错误的是（　　）。

A．合同标的不同，履行方式应相同

B．履行期限是当事人主张合同权利的时间依据

C．当事人约定价款或报酬时，应遵守国家有关价格方面的法律和规定

D．没有数量条款的规定，就无法确定双方权利义务的大小

179．关于合同的主要条款，说法错误的是（　　）。

A．合同标的不同，履行方式也有所不同

B．履行方式应视所签订合同的类别而定

C．当事人约定价款或报酬时，仅应按约定执行

D．没有数量条款的规定，就无法确定双方权利义务的大小

180.（　　）是合同所具有的法律约束力。

A．合同的内容　　B．合同的形式　　C．合同的条款　　D．合同的效力

181.（　　）即合同发生法律效力。

A．合同生效　　B．合同签订　　C．承诺发出　　D．以上都不对

182．合同生效不包括（　　）。

A．成立生效　　B．签订生效　　C．批准登记生效　　D．约定生效

183．中外合资经营企业合同（　　）。

A．成立即生效　　B．约定后即生效

C．必须经过批准后才能生效　　　　　　D．以上都不对

184．（　　）是指合同当事人在订立合同时，约定附条件，自条件成就时生效。

A．成立生效　　　B．签订生效　　　C．批准登记生效　　D．约定生效

185．关于有效合同的表述，说法错误的是（　　）。

A．对一般合同，只要当事人在合同主体、合同内容、合同形式等方面符合法律的要求，经协商达成一致意见，合同成立即可生效

B．《合同法》规定，法律、行政法规规定应当办理批准、登记等手续生效的，依照其规定

C．按照我国现有的法律和行政法规的规定，有的将批准登记作为合同成立的条件

D．以上说法都不对

186．关于约定生效的表述，说法错误的是（　　）。

A．约定附条件，自条件成就时生效

B．附解除条件的合同，自条件成就时生效

C．当事人为自己的利益不正当的阻止条件成就的，仍视为条件不成就

D．当事人不正当地促成条件成就的，视为条件不成就

187．合同效力待定不包括（　　）。

A．限制民事行为能力人订立的合同　　　B．无民事行为能力人订立的合同

C．无权代理合同　　　　　　　　　　　D．无处分权的人处分他人财产的合同

188．无权代理合同不包括（　　）。

A．限制民事行为能力人订立的合同

B．行为人没有代理权

C．无权代理人超越代理权

D．代理权终止后以被代理人的名义订立合同

189．（　　）即行为人事先没有取得代理权却以代理人自居而代理他人订立的合同。

A．限制民事行为能力人订立的合同

B．行为人没有代理权

C．无权代理人超越代理权

D．代理权终止后以被代理人的名义订立合同

190．（　　）即代理人虽然获得了被代理人的代理权，但他在代订合同时超越了代理权限的范围。

A．限制民事行为能力人订立的合同

B．行为人没有代理权

C．无权代理人超越代理权

D．代理权终止后以被代理人的名义订立合同

191．（　　）即行为人曾经是被代理人的代理人，但在以被代理人名义订立合同时，代理

权已终止。

A．限制民事行为能力人订立的合同

B．行为人没有代理权

C．无权代理人超越代理权

D．代理权终止后以被代理人的名义订立合同

192．（　　）是指无处分权的人以自己的名义对他人的财产进行处分而订立的合同。

A．无处分权的人处分他人财产的合同　B．无民事行为能力人订立的合同

C．无权代理合同　D．限制民事行为能力人订立的合同

193．关于效力待定合同，说法错误的是（　　）。

A．财产处分权只能由享有处分权的人行使

B．无处分权的人处分他人财产，经权利人追认或者无处分权的人订立合同后取得处分权的，该合同有效

C．限制民事行为能力人订立的合同，虽经法定代理人追认，仍视为无效合同

D．合同或合同某些方面不符合合同的有效要件，但又不属于无效合同或可撤销合同，应当采取补救措施，有条件的尽量促使其成为有效合同

194．关于效力待定合同，说法错误的是（　　）。

A．财产处分权不仅仅由享有处分权的人行使，还可以由他人行使

B．无处分权的人处分他人财产，经权利人追认或者无处分权的人订立合同后取得处分权的，该合同有效

C．限制民事行为能力人订立的合同，经法定代理人追认后，该合同有效

D．合同或合同某些方面不符合合同的有效要件，但又不属于无效合同或可撤销合同，应当采取补救措施，有条件的尽量促使其成为有效合同

195．合同无效不包括（　　）的情形。

A．一方以欺诈、胁迫的手段订立合同，损害国家利益

B．因误解而订立合同

C．以合法形式掩盖非法目的

D．损害社会公共利益

196．合同无效不包括（　　）的情形。

A．一方以欺诈、胁迫的手段订立合同，损害国家利益

B．违反法律、行政法规的强制性规定的合同

C．损害社会公共利益

D．订立合同时显失公平

197．关于无效合同的处理，说法错误的是（　　）。

A．无效合同签订时具有法律约束力

B．合同无效分为整个合同无效和部分无效

C．合同无效，不影响合同中独立存在的有关解决争议条款的效力

D．因该合同取得的财产，应予返还

198．关于无效合同的处理，说法错误的是（　　）。
A．无效合同签订时就没有法律约束力
B．如果合同部分无效，也影响其他部分的法律效力
C．合同无效，不影响合同中独立存在的有关解决争议条款的效力
D．因该合同取得的财产，应予返还

199．（　　）是指合同部分内容违背当事人的真实意思表示，当事人可以要求对该部分内容的效力予以撤销的合同。
A．无效合同　　B．效力待定合同　　C．可变更合同　　D．可撤销合同

200．（　　）是指虽经当事人协商一致，但因非对方的过错而导致一方当事人意思表示不真实，允许当事人依照自己的意思，使合同效力归于消灭的合同。
A．无效合同　　B．效力待定合同　　C．可变更合同　　D．可撤销合同

201．什么情形下合同当事人一方无权请求人民法院或仲裁机构变更或撤销？（　　）
A．损害社会公共利益
B．因重大误解订立的合同
C．在订立合同时显失公平的
D．一方以欺诈、胁迫手段或者乘人之危，使对方在违背真实意思的情况下订立的

202．可撤销合同与无效合同（　　）。
A．效力相同，期限不同　　B．效力不同，期限也不同
C．效力不同，期限相同　　D．效力、期限都相同

203．下列表述错误的是（　　）。
A．可撤销合同是由于当事人表达不清、不真实，只一方有撤销权
B．无效合同内容违法，自然不发生效力
C．无效合同订立时是有效的
D．可撤销合同中具有撤销权的当事人以自己的行为表示放弃撤销权，则撤销权消灭

204．下列表述错误的是（　　）。
A．可撤销合同是由于当事人表达不清、不真实，只一方有撤销权
B．无效合同内容违法，自然不发生效力
C．无效合同自订立之日起就无效，不存在期限
D．可撤销合同中具有撤销权的当事人从知道撤销事由之日起两年内没有行使撤销权，则撤销权消灭

205．可撤销合同中具有撤销权的当事人从知道撤销事由之日起（　　）年内没有行使撤销权或者知道撤销事由后明确表示，或者以自己的行为表示放弃撤销权，则撤销权消灭。
A．1　　B．2　　C．3　　D．5

206．（　　）是指合同生效后，当事人双方按照合同约定的标的、数量、质量、价款、履

行期限、履行地点和履行方式等，完成各自应承担的全部义务的行为。

A．合同的订立　B．合同的履行　C．合同的执行　D．以上都不对

207．合同履行的基本原则不包括（　　）。

A．全面履行的原则　B．遵守诚实信用的原则

C．依法履行的原则　D．实际履行的原则

208．关于合同履行，下列说法错误的是（　　）。

A．质量要求不明确的，按照国家标准、行业标准履行

B．价款或报酬不明确的，按照订立合同时履行地的市场价格履行

C．依法应当执行政府定价或指导价的，按照规定履行

D．履行地点不明确的，给付货币的，在给付货币一方所在地履行

209．关于合同履行，下列说法错误的是（　　）。

A．价款或报酬不明确的，按照标的所在地的市场价格履行

B．履行地点不明确的，给付货币的，在接受货币一方所在地履行

C．交付不动产的，在不动产所在地履行

D．其他标的，在履行义务一方所在地履行

210．关于合同履行，下列说法错误的是（　　）。

A．质量要求不明确的，按照国家标准、行业标准履行

B．履行期限不明确的，债务人可以随时履行，债权人也可以随时要求履行，不需准备时间

C．依法应当执行政府定价或指导价的，按照规定履行

D．履行地点不明确的，给付货币的，在接受货币一方所在地履行

211．关于合同履行，下列说法错误的是（　　）。

A．质量要求不明确的，按照国家标准、行业标准履行

B．价款或报酬不明确的，按照订立合同时履行地的市场价格履行

C．履行费用负担不明确的，由履行权利一方负担

D．履行方式不明确的，按照有利于实现合同目的的方式履行

212．（　　）就是一方当事人有依法对抗对方要求或否认对方权力主张的权力。

A．抗议权　B．抗诉权　C．抗拒权　D．抗辩权

213．（　　）是指对于双方合同当事人双方应同时履行，一方在对方履行债务前或在对方履行债务不符合约定时，有权拒绝其相应的履行要求。

A．同时履行抗辩权　B．异时履行抗辩权

C．不安履行抗辩权　D．后履行抗辩权

214．（　　）是指合同有先后履行顺序的，若先履行一方未履行债务，后履行一方有权拒绝其履行要求。

A．同时履行抗辩权　B．异时履行抗辩权

C．不安履行抗辩权　　D．后履行抗辩权

215．（　　）是指当事人互欠债务，如果应当先履行债务的当事人有确切证据证明对方有丧失或可能丧失履行债务能力情形时，可以中止履行债务。

A．同时履行抗辩权　　B．异时履行抗辩权

C．不安履行抗辩权　　D．后履行抗辩权

216．关于抗辩权，说法错误的是（　　）。

A．异时履行抗辩权分为后履行抗辩权和不安履行抗辩权

B．异时履行抗辩权是指合同有先后履行顺序的，若先履行一方未履行债务，后履行一方有权拒绝其履行要求

C．抗辩权就是一方当事人有依法对抗对方要求或否认对方权力主张的权力

D．规定不安抗辩权是为了保护当事人的合法权益，防止借合同欺诈，也可促使对方履行合同

217．保全措施不包括（　　）。

A．抗辩权　　B．代位权　　C．撤销权　　D．代位权及撤销权

218．（　　）指因债务人怠于行使其到期债权，对债权人造成损害，债权人可以向人民法院请求以自己的名义代位行使债务人的债权。

A．抗辩权　　B．代位权　　C．撤销权　　D．代位权及撤销权

219．（　　）指债权人对于债务人危害其债权实现的不正当行使，有请求人民法院予以撤销的权利。

A．抗辩权　　B．代位权　　C．撤销权　　D．代位权及撤销权

220．提起代位权诉讼，不需具备下列哪项条件？（　　）

A．债权人对债务人的债权合法

B．债务人怠于行使到期债权，对债权人造成损害

C．债务人的债权不是专属于债务人自身的债权

D．债务人的债权未到期

221．关于代位权，表述错误的是（　　）。

A．债权人行使代位权的必要费用由债权人承担

B．代位权的行使范围以债权人的债权为限

C．债权人行使代位权的必要费用由债务人承担

D．人身伤害赔偿请求权是专属于债务人自身的债权

222．关于撤销权，表述错误的是（　　）。

A．撤销权的行使范围以债权人的债权为限

B．债权人行使撤销权的必要费用由债权人承担

C．债权人行使撤销权的必要费用由债务人承担

D．因债务人放弃其到期债权或者无偿转让财产，对债权人造成损害的，债权人可以

请求人民法院撤销债务人的行为

223.（　）是指法律规定或者由当事人双方协商约定的确保合同按约履行所采取的具有法律效力的一种保证措施。

A．合同的订立　B．合同的履行　C．合同的担保　D．合同的保证

224.（　）不是合同担保的方式。

A．保证　B．抵押　C．留置　D．违约金

225.（　）是指保证人和债权人约定，当债务人不履行债务时，保证人按照约定履行债务或者承担责任的行为。

A．保证　B．抵押　C．留置　D．质押

226.（　）是债务人或第三人不转移对抵押财产的占有，将该财产作为债权的担保。

A．保证　B．抵押　C．留置　D．质押

227.（　）是指债权人按照合同约定占有债务人的动产，债务人不按照合同约定的期限履行债务的，债权人有权依照法律规定留置该财产，以该财产折价或以拍卖、变卖该财产的价款优先受偿的担保形式。

A．保证　B．抵押　C．留置　D．质押

228. 关于保证的法律特征，说法错误的是（　）。

A．保证属于人的担保范畴
B．保证人必须是主合同以外的第三人
C．保证人和债权人可以在保证合同中约定保证的方式
D．保证人不须具有代为清偿债务的能力

229. 关于保证人的表述，错误的是（　）。

A．保证人必须是具有代为清偿债务能力的人
B．保证人可以是法人
C．保证人可以是其他组织或公民
D．保证人可以是学校等事业单位

230. 下列可以做保证人的是（　）。

A．某施工企业总公司　B．国家机关
C．学校　D．医院

231. 下列可以做保证人的是（　）。

A．国家机关　B．某施工企业总公司
C．某公司财务部　D．某企业分支机构

232. 保证合同是（　）以书面形式订立的合同。

A．债务人与债权人　B．保证人与债务人
C．保证人与债权人　D．以上都不对

233.（　　）不是保证合同的内容。

A．被保证的主债权的种类　　B．保证的方式

C．债务人履行债务的期限　　D．债权人的资质

234.（　　）不是保证合同的内容。

A．债权人的资质　　B．保证担保的范围

C．保证的期间　　D．被保证的主债权的数量

235.（　　）是指当事人在保证合同中约定，债务人不能履行债务时，由保证人承担保证责任的保证方式。

A．保证　　B．一般保证　　C．连带责任保证　　D．以上都不是

236.（　　）是指当事人在保证合同中约定保证人与债务人对债务承担连带责任的保证方式。

A．保证　　B．一般保证　　C．连带责任保证　　D．以上都不是

237. 一般保证的担保人与债权人未约定保证期间的，保证期间为主债务履行期间届满之日起（　　）。

A．3 年　　B．2 年　　C．1 年　　D．6 个月

238. 关于保证的表述，错误的是（　　）。

A．保证人可以是企业法人的分支机构

B．保证范围包括主债权及利息、违约金、损害赔偿金和实现债权的费用

C．当事人对保证范围无约定或约定不明确的，保证人应对全部债务承担责任

D．债权人未在合同约定的和法律规定的保证期间内主张权利，保证人免除保证责任

239. 关于保证的表述，错误的是（　　）。

A．在合同约定或法律规定的保证期间内，债权人未要求保证人承担保证责任的，保证人免除保证责任

B．保证范围包括主债权及利息、违约金、损害赔偿金和实现债权的费用

C．当事人对保证范围无约定或约定不明确的，保证人应对全部债务承担责任

D．债权人未在合同约定的和法律规定的保证期间内主张权利，保证人不免除保证责任

240. 关于抵押的法律特征，表述错误的是（　　）。

A．抵押权是一种他物权

B．抵押权是一种从物权，抵押权将随着债权的发生而发生，随着债权的消灭而消灭

C．抵押权不具有追及力

D．抵押权是一种对抵押物的优先受偿权

241. 根据担保法的规定，（　　）不能抵押。

A．抵押人所有的房屋　　B．土地所有权

C．抵押人所有的机器　　D．抵押人有权处分的交通运输工具

242. 根据担保法的规定，（　　）不能抵押。

A．土地所有权
B．抵押人所有的房屋
C．抵押人依法承包并经发包方同意抵押的荒山
D．抵押人有权处分的交通运输工具

243．根据担保法的规定，（　　）可以抵押。
A．土地所有权　　B．抵押人所有的房屋
C．耕地　　D．学校

244．根据担保法的规定，（　　）可以抵押。
A．所有权、使用权不明确或有争议的财产
B．宅基地
C．抵押人有权处分的交通运输工具
D．依法被查封的财产

245．根据担保法的规定，（　　）可以抵押。
A．所有权、使用权不明确或有争议的财产
B．医院的医疗卫生设施
C．依法被扣押的财产
D．抵押人依法承包并经发包方同意抵押的荒山

246．根据担保法的规定，（　　）可以抵押。
A．抵押人有权处分的国有的土地使用权
B．医院的医疗卫生设施
C．依法被扣押的财产
D．依法不得抵押的财产

247．根据担保法的规定，（　　）可以抵押。
A．土地所有权　　B．抵押人所有的房屋
C．耕地　　D．学校

248．抵押合同（　　）。
A．自确定时生效　　B．自签订时生效
C．自登记之日起生效　　D．以上都不对

249．（　　）是抵押合同的内容。
A．被担保的主债权的种类　　B．债务人履行债务的期限
C．抵押担保的范围　　D．抵押人的资质

250．（　　）是抵押合同的内容。
A．抵押人的资质　　B．抵押物的所在地
C．抵押担保的范围　　D．被担保的主债权的数额

251．（　　）是抵押合同的内容。

A．抵押物的状况　　　　B．抵押人的资质
C．抵押担保的范围　　　　D．抵押物的使用权权属

252．关于抵押物登记部门，表述错误的是（　　）。
A．以无地上定着物的土地使用权抵押的，为核发土地使用权证书的土地管理部门
B．以城市房地产等建筑物作抵押的，为县级以上地方人民政府规定的部门
C．以林木抵押的，为市级以上林木主管部门
D．以航空器抵押的，为运输工具的登记部门

253．关于抵押物登记部门，表述错误的是（　　）。
A．以无地上定着物的土地使用权抵押的，为核发土地使用权证书的土地管理部门
B．以航空器抵押的，为运输工具的登记部门
C．以林木抵押的，为县级以上林木主管部门
D．以企业的设备和其他动产抵押的，为财产所在地人民政府

254．（　　）是指债务人或者第三人将其动产移交债权人占有，将该动产作为债权的担保。
A．动产质押　　B．权利质押　　C．抵押　　D．以上都不对

255．下列表述错误的是（　　）。
A．质押分为动产质押和权利质押
B．债务人或第三人为质权人
C．移交的动产为质物
D．法律规定出质人和质权人应当以书面形式订立质押合同

256．（　　）不是质押合同的内容。
A．债务人履行债务的期限　　　　B．质物的名称
C．出质人的情况　　　　D．质物移交的时间

257．（　　）不是质押合同的内容。
A．质物的质量　　　　B．被担保的主债权种类
C．质押担保的范围　　　　D．出质人的情况

258．（　　）不是质押合同的内容。
A．出质人的情况　　　　B．当事人认为需要约定的其他事项
C．质押担保的范围　　　　D．质物的数量

259．（　　）不是质押担保的范围。
A．主债权及利息　　　　B．质物的内容
C．违约金　　　　D．损害赔偿金

260．（　　）不是质押担保的范围。
A．实现质权的费用　　　　B．质物保管费用
C．质物的内容　　　　D．损害赔偿金

261．在质押权利中（　　）不可以质押。

A．汇票　　B．支票　　C．债券　　D．土地所有权

262．在质押权利中（　　）不可以质押。

A．土地所有权　　B．存款单　　C．债券　　D．提单

263．在质押权利中（　　）不可以质押。

A．依法可以转让的股票、股份

B．土地所有权

C．依法可以转让的商标专用权中的财产权

D．仓单

264．在质押权利中（　　）不可以质押。

A．依法可以转让的专利权中的财产权　　B．依法可以转让的著作权中的财产权

C．土地所有权　　D．依法可以质押的其他权利

265．关于留置的表述，错误的是（　　）。

A．留置权是一种从权利　　B．留置权属于他物权

C．留置权是一种法定担保方式　　D．留置权的担保范围不包括利息

266．担保法规定：因保管合同、运输合同、加工承揽合同发生的债权，债务人不履行债务的，债权人有（　　）。

A．留置权　　B．质押权　　C．抵押权　　D．以上都不对

267．（　　）不是留置担保的范围。

A．主债权及利息　　B．质物的内容　　C．违约金　　D．损害赔偿金

268．（　　）不是留置担保的范围。

A．实现留置权的费用　　B．留置物保管费用

C．质物的内容　　D．损害赔偿金

269．法律规定留置权可能因为（　　）原因消灭。

①债权消灭的；②债务人另行提供担保并被债权人接受的。

A．①　　B．②　　C．①②都不是　　D．①②都是

270．收受定金的一方不履行约定的债务的，应（　　）。

A．双倍返还定金　　B．返还定金　　C．付违约金　　D．以上都不对

271．定金合同从（　　）起生效。

A．约定交付定金之日　　B．实际交付定金之日

C．签订合同之日　　D．以上都不对

272．定金的具体数额由当事人约定，但不得超过主合同标的额的（　　）。

A．5%　　B．10%　　C．20%　　D．25%

273．关于定金的表述，错误的是（　　）。

A．债务人履行合同后，定金应当抵作价款或收回

B．给付定金的一方不履行约定债务的，无权请求返还定金

C．收受定金的一方不履行约定的债务的，应双倍返还定金

D．定金可以不以书面形式约定

274．关于定金的表述，错误的是（　　）。

A．当事人不需约定交付定金的期限

B．给付定金的一方不履行约定债务的，无权请求返还定金

C．收受定金的一方不履行约定的债务的，应双倍返还定金

D．当事人约定以交付定金作为订立主合同担保的，给付定金的一方拒绝订立主合同的，无权要求返还定金

275．关于定金的表述，错误的是（　　）。

A．建设工程担保一般采用定金形式

B．给付定金的一方不履行约定债务的，可以请求返还定金

C．当事人约定以交付定金作为订立主合同担保的，给付定金的一方拒绝订立主合同的，无权要求返还定金

D．收受定金的一方拒绝订立合同的，应双倍返还定金

276．（　　）是指合同依法成立后，在尚未履行或尚未完全履行时，当事人双方经协商依法对合同的内容进行修订或调整所达成的协议。

A．合同约定　　B．合同订立　　C．合同变更　　D．合同转让

277．（　　）是指当事人一方将合同的权利和义务转让给第三人，由第三人接受权利和承担义务的法律行为。

A．合同约定　　B．合同订立　　C．合同变更　　D．合同转让

278．关于合同变更的表述，错误的是（　　）。

A．合同的变更仍涉及已履行部分　　B．合同变更只对未履行的部分进行变更

C．合同变更不能在合同履行后进行　　D．合同变更只能在合同履行前进行

279．关于合同变更的表述，错误的是（　　）。

A．合同的变更不涉及已履行部分　　B．合同变更只对未履行的部分进行变更

C．合同变更也能在合同履行后进行　　D．合同变更只能在合同履行前进行

280．关于合同变更的表述，错误的是（　　）。

A．当事人协商一致可以变更合同

B．变更合同不仅仅可以采用书面形式，其他形式也可以

C．当事人变更合同经过提议和接受两个步骤

D．合同变更只能在合同履行前进行

281．当事人对合同变更只是一方提议，而未达成协议时，（　　）。

A．合同不成立　　B．合同变更效力待定
C．仍产生合同变更的效力　　D．不产生合同变更的效力

282．当事人对合同变更的内容约定不明确的，（　　）。
A．不产生合同变更的效力　　B．合同变更效力待定
C．仍产生合同变更的效力　　D．合同不成立

283．关于合同转让的表述，错误的是（　　）。
A．合同转让可以部分转让
B．合同转让不可以全部转让
C．随着合同的全部转让，原合同当事人之间的权利和义务关系消灭
D．债权人转让权利的，应当通知债务人

284．（　　）也称债权转让，是合同当事人将合同中的权利全部或部分转让给第三方的行为。
A．合同的转让　　B．合同义务的转让
C．合同权利的转让　　D．合同权利和义务一并转让

285．（　　）也称债务转让，是债务人将合同的义务全部或部分转移给第三人的行为。
A．合同的转让　　B．合同权利和义务一并转让
C．合同权利的转让　　D．合同义务的转让

286．（　　）指当事人一方将债权债务一并转让给第三人，由第三人接受这些债权债务的行为。
A．合同权利和义务一并转让　　B．合同的转让
C．合同权利的转让　　D．合同义务的转让

287．不得转让的情形不包括（　　）。
A．根据合同性质不得转让　　B．根据合同条件不得转让
C．按照当事人约定不得转让　　D．依照法律规定不得转让

288．关于合同权利的转让，表述错误的是（　　）。
A．转让合同权利的当事人称为让与人
B．接受转让的第三人称为受让人
C．债权人转让权利的，不需通知债务人
D．除受让人同意，债权人转让权利的通知不得撤销

289．债务人将合同的义务全部或部分转让给第三人，（　　）。
A．不需通知债权人　　B．不需债权人同意
C．应经债务人同意　　D．应经债权人同意

290．（　　）是指合同当事人之间的合同关系由于某种原因不复存在，合同确立的权利义务消灭。

A．合同的终止　　B．合同的中止　　C．合同的结束　　D．以上都不对

291．合同解除包括（　　）。

A．协议解除　　B．法定解除

C．协议解除和法定解除　　D．以上都不对

292．（　　）不是当事人解除合同的情形。

A．因不可抗力致使不能实现合同目的

B．因工作困难致使不能实现合同目的

C．当事人一方迟延履行主要债务，经催告后在合理期限内仍未履行

D．当事人一方迟延履行债务或者有其他违约行为致使不能实现合同的目的

293．（　　）不是当事人解除合同的情形。

A．在履行期限届满之前，当事人一方明确表示或者以自己的行为表示不履行主要债务

B．当事人一方迟延履行债务或者有其他违约行为致使不能实现合同的目的

C．当事人一方迟延履行主要债务，经催告后在合理期限内仍未履行

D．因工作困难致使不能实现合同目的

294．合同终止的情形包括（　　）。

A．合同已按照约定履行　　B．合同解除

C．合同已按照约定履行和合同解除　　D．以上说法都不对

295．关于合同终止，表述错误的是（　　）。

A．合同生效后，当事人一方不得擅自解除合同

B．合同解除后，尚未履行的，仍应履行

C．合同解除后，已经履行的根据履行情况和合同性质，当事人可以要求恢复原状

D．合同解除后，已经履行的根据履行情况和合同性质，当事人可以要求采取其他补救措施

296．合同解除后，已经履行的根据履行情况和合同性质，当事人（　　）。

A．不能要求恢复原状

B．无权要求赔偿损失

C．可以要求恢复原状，但无权要求赔偿损失

D．可以要求恢复原状、采取其他补救措施，并有权要求赔偿损失

297．某人以其居住的商品住宅作为向银行贷款的担保，这种担保方式属于（　　）。

A．抵押　　B．保证　　C．质押　　D．留置

298．下列主体中，可以作为保证人的是（　　）。

A．公民　　B．社会团体　　C．国家机关　　D．高等院校

299．下列合同中，不能实现留置权的合同是（　　）。

A．运输合同　　B．抵押合同　　C．保管合同　　D．加工承揽合同

300．财产抵押权设置后，将限制的是财产的（　　）。

A．占有权　　B．使用权　　C．处分权　　D．收益权

301．某工程招标时，甲施工单位委派的项目经理没有取得建造师的职业资格，所提供的资格证书的复印件是伪造的。则甲施工单位违背了合同订立中的（　　）。

A．平等原则　　B．自愿原则　　C．公平原则　　D．诚实信用原则

302．合同内容中，可作为发生纠纷后确定法院地域管辖依据的是（　　）。

A．合同标的　　B．履行期限

C．解决争议的方法　　D．履行地点

303．（　　）是指合同当事人违反合同约定，不履行义务或者履行义务不符合约定所承担的责任。

A．违约责任　　B．违约责任制度　　C．违约方式　　D．以上都不对

304．（　　）是指按照当事人的约定或者法律直接规定，一方当事人违约的，应向另一方支付的金钱。

A．违约责任　　B．违约金　　C．赔偿金　　D．以上都不对

305．（　　）不是违约责任的承担形式。

A．赔偿损失　　B．违约金　　C．赔偿金　　D．继续履行

306．（　　）不是违约责任的承担形式。

A．赔偿损失　　B．违约责任的免除

C．采取补救措施　　D．赔偿金

307．关于违约金的表述，错误的是（　　）。

A．金钱不能作为违约金的标的物

B．违约金同时具有补偿性和惩罚性

C．当事人一方可以约定一方向对方给付定金作为债权的担保

D．当事人可以约定一方违约时应当根据违约情况向对方支付一定数额的违约金

308．关于违约金的表述，错误的是（　　）。

A．违约金的标的物是金钱，也可约定为其他财产

B．违约金的数额不应在专用条款中约定

C．当事人一方可以约定一方向对方给付定金作为债权的担保

D．当事人可以约定一方违约时应当根据违约情况向对方支付一定数额的违约金

309．关于违约金的表述，错误的是（　　）。

A．当事人可以约定一方违约时应当根据违约情况向对方支付一定数额的违约金

B．约定的违约金低于违反合同所造成的损失的，当事人可以请求人民法院或仲裁机构予以增加

C．约定的违约金高于违反合同所造成的损失的，当事人可以请求人民法院或仲裁机构予以减少

D．违约金的标的物是金钱，但不可为其他财产

310．（　　）是指合同当事人就其违约而给对方造成的损失给予补偿的一种方法。

A．采取补救措施　　B．违约金

C．赔偿损失　　D．继续履行

311．（　　）是在当事人违反合同后，为防止损失发生或扩大，由其依照法律或者合同约定而采取的修理、更换、退货、减少价款等措施。

A．采取补救措施　　B．违约金

C．赔偿损失　　D．继续履行

312．当事人一方不履行合同义务或者履行合同义务不符合约定的，在履行义务或者采取措施后，对方还有其他损失的，（　　）。

A．不应赔偿损失　　B．应当赔偿损失

C．应赔偿部分损失　　D．以上都不对

313．赔偿损失这种违约责任承担方式不包括（　　）。

A．违约的赔偿损失　　B．侵权的赔偿损失

C．因错误赔偿损失　　D．其他的赔偿损失

314．以下哪项不是承担赔偿损失责任的要件构成？（　　）

A．有违约行为，当事人不履行合同或者不适当履行合同

B．有损失后果，违约责任行为给另一方当事人造成了财产等损失

C．违约人有过错，或者虽无过错，但法律规定应当赔偿的

D．违约行为与财产等损失之间没有因果关系

315．关于赔偿损失的范围，表述错误的是（　　）。

A．赔偿损失的范围不可由双方约定

B．赔偿损失的范围可由法律直接规定

C．在法律没有特别规定和当事人没有另行约定的情况下，应按完全赔偿原则赔偿全部损失

D．赔偿损失包括直接损失和间接损失

316．关于赔偿损失的范围，表述错误的是（　　）。

A．赔偿损失的范围可由法律直接规定，也可由双方约定

B．赔偿损失可以超过违反合同一方订立合同时预见到或者应当预见到的因违反合同可能造成的损失

C．在法律没有特别规定和当事人没有另行约定的情况下，应按完全赔偿原则，赔偿全部损失

D．赔偿损失包括直接损失和间接损失

317．（　　）不是赔偿损失的方式。

A．恢复原状　　B．金钱赔偿　　C．违约金　　D．代物赔偿

318．关于赔偿损失的计算，表述错误的是（　　）。

A．合同标的物的价格可分为市场价格和特别价格

B．一般标的物按市场价格确定其价格

C．不同的时间、地点价格往往不同

D．特殊标的物按市场价格确定其价格

319．关于继续履行，表述错误的是（　　）。

A．当事人违反金钱债务，可以免除其继续履行的义务

B．当事人违反非金钱债务的，除法律规定不适用继续履行的情形外，不能免除其继续履行的义务

C．当事人违反金钱债务，不能免除其继续履行的义务

D．当事人一方不履行非金钱债务的，对方可以要求继续履行

320．关于继续履行，表述错误的是（　　）。

A．继续履行合同要求违约人按照合同的约定，切实履行所承担的合同义务

B．当事人违反非金钱债务的，除法律规定不适用继续履行的情形外，可以免除其继续履行的义务

C．当事人违反金钱债务，不能免除其继续履行的义务

D．当事人一方不履行非金钱债务的，对方可以要求继续履行

321．下列哪种情况可以要求对方继续履行？（　　）

A．法律上或事实上不能履行　　B．债务的标的不适合强制履行

C．债权人在合理的期限内要求履行　　D．履行费用过高

322．（　　）不属于补救措施。

A．修理　　B．更换　　C．退货　　D．违约金

323．（　　）不属于补救措施。

A．违约金　　B．减少价款　　C．退货　　D．减少报酬

324．下列表述错误的是（　　）。

A．采取补救措施这一违约责任的方式，主要在发生质量不符合约定的时候

B．质量不符合约定的，应当按照法规承担违约责任

C．对违约责任没有约定的，依照《中华人民共和国合同法》的规定

D．对违约责任约定不明确的，依照《中华人民共和国合同法》的规定

325．合同法规定，发生不可抗力（　　）。

A．只能部分免除当事人的违约责任

B．能全部免除当事人的违约责任

C．能部分或全部免除当事人的违约责任

D．以上都不对

326．（　　）不是不可抗力发生后引起的法律后果。

A．合同全部不能履行，当事人可以解除合同，并免除全部责任
B．合同部分不能履行，当事人可以部分履行合同，并免除其不履行部分的责任
C．合同不能按期履行，当事人可延期履行合同，并免除其迟延履行的责任
D．合同履行存在困难，当事人可以解除合同

327．合同法规定，一方当事人因不可抗力不能履行合同义务时，（　　）。
A．不需通知对方
B．不需提供证明
C．不需采取措施减少损失
D．应及时采取一切可能采取的有效措施避免或减少损失，及时通知对方，在合理期限内提供证明

328．（　　）是指当事人双方对合同订立和履行情况以及不履行合同的后果所产生的纠纷。
A．合同争议　　B．合同分歧　　C．合同争论　　D．以上都不对

329．（　　）是指争议的合同当事人，依据有关的法律规定和合同约定，在互谅互让的基础上，经过谈判和磋商，自愿对争议事项达成协议，从而解决合同争议的一种方法。
A．仲裁　　B．和解　　C．调解　　D．以上都不对

330．（　　）是指争议当事人在第三方的主持下，通过其劝说引导，在互谅互让的基础上自愿达成协议，从而解决合同争议的一种方法。
A．仲裁　　B．和解　　C．调解　　D．以上都不对

331．（　　）不是和解的特点。
A．不能彻底解决问题　　B．无须第三人介入
C．简便易行　　D．有利于双方的协作和合同的继续履行

332．依调解人的不同，合同的调解不包括（　　）。
A．民间调解　　B．第三人调解　　C．仲裁机构调解　　D．法庭调解

333．（　　）是当事人临时选任的社会组织或者个人作为调解人对合同争议进行调解。
A．仲裁机构调解　　B．第三人调解　　C．民间调解　　D．法庭调解

334．（　　）是指发生争议的双方当事人，根据其在争议发生前或争议发生后所达成的协议，自愿将该争议提交中立的第三者进行裁判的争议解决制度和方式。
A．仲裁　　B．和解　　C．调解　　D．以上都不对

335．下列关于调解的表述，错误的是（　　）。
A．调解解决合同争议，可以不伤和气，有利于促进合作
B．调解受当事人自愿的局限
C．调解以公平、自愿为原则
D．仲裁书的效力高于调解书的效力

336．（　　）不是仲裁的特点。

A. 自愿性　　B. 公平性　　C. 专业性　　D. 灵活性

337. （　　）不是仲裁的特点。

A. 独立性　　B. 保密性　　C. 公平性　　D. 经济性

338. 关于仲裁委员会的设立，表述错误的是（　　）。

A. 仲裁委员会可以在直辖市人民政府所在地设立

B. 仲裁委员会可以在省、自治区人民政府所在地设立

C. 可以根据需要在其他市设立

D. 按行政区划层设立

339. 不属于仲裁委员会具备的条件是（　　）。

A. 仲裁委员会由主任 1 人，副主任 1 人，委员 7~11 人组成

B. 有自己的名称

C. 有聘任的仲裁员

D. 有必要的财产

340. 不属于仲裁委员会具备的条件是（　　）。

A. 有自己的住所

B. 仲裁委员会由主任 1 人，副主任 1 人，委员 5 人组成

C. 有聘任的仲裁员

D. 有必要的财产

341. （　　）是指规范仲裁活动的具体程序及此程序中相应的仲裁法律关系的规则。

A. 仲裁条例　　B. 仲裁规定　　C. 仲裁规则　　D. 以上说法都不对

342. 关于仲裁规则的表述，错误的是（　　）。

A. 仲裁规则可以由仲裁机构制定

B. 仲裁规则不得违反仲裁法中对程序方面的强制性规定

C. 仲裁规则由仲裁委员会自己制定

D. 涉外仲裁机构的仲裁规则由仲裁委员会自己制定

343. （　　）是指双方当事人自愿把他们之间已经发生或将来可能发生的合同纠纷及其他财产性权益争议提交仲裁解决的协议。

A. 仲裁协议　　B. 仲裁协定　　C. 诉讼协议　　D. 仲裁规则

344. （　　）不是仲裁协议的类型。

A. 仲裁条款　　B. 仲裁条例

C. 仲裁协议书　　D. 其他文件中包含的仲裁协议

345. （　　）不属于仲裁协议的内容。

A. 选定的仲裁委员会　　B. 仲裁事项

C. 仲裁规则　　D. 提交仲裁的争议范围

346．（　　）不属于仲裁协议无效的情形。

A．约定的仲裁事项超出法律规定的仲裁范围

B．无民事行为能力人订立的仲裁协议

C．一方采取胁迫手段迫使对方订立仲裁协议的

D．有民事行为能力人订立的仲裁协议

347．（　　）不是当事人向仲裁委员会递交仲裁书的条件。

A．有仲裁书　　B．有仲裁协议

C．有具体的仲裁请求和事实　　D．属于仲裁委员会的受理范围

348．（　　）指在协商一致的基础上依法以自己的名义独立地提出或参加仲裁，并接受仲裁裁决约束的公民、法人或其他组织。

A．仲裁代理人　　B．仲裁当事人　　C．仲裁人　　D．以上都不对

349．仲裁委员会收到仲裁申请书之日起（　　）日内，经审查符合受理条件，应当受理，并通知当事人。

A．1　　B．3　　C．5　　D．7

350．仲裁庭可以由（　　）仲裁员组成。

A．7名或1名　　B．5名或1名　　C．4名或1名　　D．3名或1名

351．关于仲裁程序，表述错误的是（　　）。

A．当事人、法定代理人不能委托律师和其他代理人进行仲裁活动

B．仲裁委员会收到仲裁申请书5日内，经审查不符合受理条件的，应当书面通知当事人不予受理，并说明理由

C．仲裁庭可以由3名仲裁员组成，设首席仲裁员

D．仲裁庭分为合议仲裁庭和独任仲裁庭

352．关于仲裁程序，表述错误的是（　　）。

A．当事人、法定代理人可以委托律师和其他代理人进行仲裁活动

B．仲裁委员会收到仲裁申请书5日内，经审查符合受理条件的，应当受理，并电话通知当事人

C．仲裁庭可以由1名仲裁员组成

D．仲裁庭分为合议仲裁庭和独任仲裁庭

353．（　　）是指法院经当事人申请，采取强制性措施将裁决书的内容付诸实现的行为和程序。

A．仲裁决定实行　　B．仲裁执行

C．仲裁裁决执行　　D．以上都不对

354．仲裁庭进行开庭调查的正确顺序是（　　）。

①当事人陈述；②宣读鉴定结论；③宣读勘验笔录、现场笔录；　④出示书证、物证、视听资料；⑤告知证人的权利义务，证人作证，宣读未到庭的证人证言。

A．①④②⑤③　　B．①⑤③②④
C．⑤③①④②　　D．①⑤④③②

355．下列表述错误的是（　　）。
A．当事人申请仲裁后，只能进行仲裁
B．当事人自愿调解的，仲裁庭在作出裁决前，可以先行调解，调解不成的，应当及时裁决
C．裁决应当按照多数仲裁员的意见作出
D．仲裁实行一裁终局制

356．下列表述错误的是（　　）。
A．当事人申请仲裁后，可以自行调解，协商解决纠纷
B．仲裁实行两裁制
C．裁决应当按照多数仲裁员的意见作出
D．任何一方当事人不得因不满裁决而要求复议，不得向法院起诉

357．（　　）是指人民法院在当事人和其他诉讼参与人参加下，审理和解决民事案件的活动以及在这种活动中产生的各种民事关系的总和。
A．仲裁　　B．调解　　C．诉讼　　D．以上都不对

358．（　　）不是诉讼的特点。
A．不必以当事人的相互同意为依据
B．只要不存在有效的仲裁协议，任何一方都可以向有管辖权的法院起诉
C．在诉讼过程中，法院始终居于主导地位
D．以上都不对

359．（　　）就是法院受理民事案件的权限，即确定法院与其他国家机关、社会团体之间解决民事纠纷的分工和权限。
A．诉讼主管　　B．管辖　　C．诉讼管理　　D．以上说法都不对

360．（　　）指各级人民法院之间和同级人民法院之间受理第一审民事案件的分工和权限。
A．诉讼主管　　B．管辖　　C．诉讼管理　　D．以上说法都不对

361．民事诉讼管辖不包括（　　）。
A．级别管辖　　B．地域管辖　　C．标的物管辖　　D．指定管辖

362．（　　）是指按照一定的标准，划分上下级人民法院之间受理第一审民事案件的分工和权限。
A．指定管辖　　B．地域管辖　　C．移送管辖　　D．级别管辖

363．（　　）是指上级人民法院以裁定方式指定其下级人民法院对某一案件行使管辖权。
A．指定管辖　　B．地域管辖　　C．移送管辖　　D．级别管辖

364．（　　）是指按照各级人民法院的辖区和民事案件的隶属关系来划分诉讼管辖。

A．指定管辖　　B．地域管辖　　C．移送管辖　　D．级别管辖

365．（　　）是指人民法院在受理民事案件后，发现自己对案件并无管辖权，将案件移送到有管辖权的人民法院审理。

A．指定管辖　　B．地域管辖　　C．移送管辖　　D．级别管辖

366．审判程序不包括（　　）。

A．第一审普通程序　　B．第二审程序

C．简易程序　　D．第三审程序

367．（　　）是我国民事诉讼法规定的人民法院审理第一审民事案件通常所适用的程序。

A．第一审普通程序　　B．第二审程序

C．简易程序　　D．第三审程序

368．（　　）适用于当事人不服地方人民法院第一审判决的，有权在判决书送达之日起15日内向上一级人民法院提出上诉。

A．第一审普通程序　　B．第二审程序

C．简易程序　　D．第三审程序

369．（　　）适用于基层人民法院和它派出的法庭审理事实清楚、权利义务关系明确、争议不大的简单的民事案件。

A．第一审普通程序　　B．第二审程序

C．简易程序　　D．第三审程序

370．（　　）适用于人民法院审理选民资格案件、宣告失踪或宣告死亡的案件、认定公民无民事行为能力或者限制民事行为能力案件和认定财产无主案件。

A．第一审普通程序　　B．第二审程序

C．简易程序　　D．特别程序

371．第二审程序适用于当事人不服地方人民法院第一审判决的，有权在判决书送达之日起（　　）日内向上一级人民法院提出上诉。

A．15　　B．10　　C．7　　D．5

372．第一审普通程序不包括（　　）阶段。

A．起诉与受理　　B．审理后整理　　C．审理前的准备　　D．开庭审理

373．以下不属于民事纠纷处理方式的是（　　）。

A．当事人自行和解　　B．行政机关调解

C．行政复议　　D．商事仲裁

374．以下不属于调解主要方式的是（　　）。

A．行业调解　　B．专业机构调解

C．人民调解　　D．双方调解

375．在某工地上，附近居民与施工方发生噪声扰民纠纷，双方同意调解解决。在下列解决

争议的方式中，由（　　）主持或参与的调解，属于行政调解。

A．施工方上级单位　　B．建设方

C．当地政府建设主管部分　　D．人民法院

376．下列所给选项中，关于仲裁管辖的表达，正确的是（　　）。

A．实行级别管辖，但不实行地域管辖

B．实行地域管辖，但不实行级别管辖

C．既不实行地域管辖，也不实行级别管辖

D．既实行地域管辖，也实行级别管辖

377．张氏兄弟两人达成协议，约定双方如对父亲遗产发生争议，则提交北京仲裁委员会进行裁决，并自动履行其裁决。后双方在父亲的遗产分配问题上无法协商一致，那么双方解决争议可行的法律途径是（　　）。

A．只能向有管辖权的人民法院起诉

B．只能申请北京仲裁委员会仲裁

C．既可向有管辖权的法院起诉，也可以申请仲裁

D．只能申请双方或一方住所地仲裁委员会仲裁

378．仲裁具有许多特点，其中最突出的是（　　）。

A．专业性　　B．自愿性　　C．独立性　　D．灵活性

379．在下列调解书中，（　　）生效后具有强制执行力。

A．行业调解　　B．企业调解　　C．司法调解　　D．行政调解

380．民事诉讼是建设工程纠纷解决的一种常见途径，当发生争议时，（　　）不能成为诉讼参与人。

A．建设单位　　B．施工单位　　C．造价鉴定机构　　D．主审法官

381．甲公司长期拖欠乙公司材料款 10 万元，如果乙公司通过诉讼解决，此纠纷应当由（　　）法院审理。

A．基层人民法院　　B．中级人民法院

C．高级人民法院　　D．最高人民法院

382．在没有书面约定的情况下，因建筑工程施工合同纠纷提起的诉讼，（　　）法院没有管辖权。

A．施工行为地　　B．被告住所地　　C．合同履行地　　D．原告住所地

383．当事人在买卖合同中未明确约定履行地点的，以约定的（　　）为合同履行地。

A．货物到达地　　B．交货地点　　C．货物验收地　　D．货物安装调试地

384．以下不属于书证的是（　　）。

A．电子邮件　　B．传真

C．证人出具的书面证言　　D．电报

385．仲裁委员会在审理双方争议时，对争议事项进行仲裁，其权限范围由（　　）决定。

A．仲裁规则确定　　B．法律直接规定

C．仲裁庭决定　　D．仲裁协议约定

386．关于有效的仲裁协议的效力，以下表述错误的是（　　）。

A．对双方当事人均有约束力　　B．可以排除法院的司法管辖权

C．对法院不具有约束力　　D．对仲裁机构具有约束力

387．下列选项中，对调解的理解错误的是（　　）。

A．仲裁裁决生效后可以进行仲裁调解

B．当事人庭外和解的，可以请求法院制作调解书

C．仲裁调解书生效后产生执行效力

D．法院在强制执行时一般不能调解

388．仲裁协议的内容不包括（　　）。

A．仲裁事项　　B．具体的仲裁请求和事实、理由

C．请求仲裁的意思表示　　D．选定的仲裁委员会

389．工程建设双方发生争议，申请仲裁不需要（　　）。

A．有仲裁协议　　B．仲裁请求具体

C．属于仲裁委员会的受理范围　　D．选定的仲裁委员会

390．某工程建设纠纷，仲裁委员会组成的仲裁庭中，以下符合法律规定的是（　　）。

A．由 1 人组成仲裁庭　　B．由 2 人组成仲裁庭

C．由 4 人组成仲裁庭　　D．由 5 人组成仲裁庭

391．仲裁庭对当事人申请仲裁的争议案件经过审理并作出仲裁裁决后，对于国内仲裁裁决，当事人在出现下列（　　）情形时不能申请撤销仲裁裁决。

A．裁决所根据的证据是伪造的

B．仲裁裁决适用法律错误的

C．没有仲裁协议的

D．对方当事人隐瞒了足以影响公正裁决的证据的

392．人民调解委员会是群众自治组织，工作在（　　）指导下进行。

A．仲裁机构　　B．居委会　　C．人民法院　　D．上级调解委员会

第五章 建筑工程施工合同示范文本

1．建筑产品不具备的特点是（　　）。

A．相似性　　B．生产周期长
C．耗费人力物力大　　D．技术复杂

2．建筑产品不具备（　　）特点。

A．受自然条件影响大　　B．相似性
C．受政策法规影响大　　D．技术复杂

3．建筑产品是非工厂化生产的单件产品，生产周期长，耗费人力物力大，生产过程和技术复杂，受自然条件及政策法规影响大。这些特点决定了建筑工程施工合同的（　　）。

A．具体性及复杂性　　B．具体性及特殊性
C．特殊性及复杂性　　D．以上都不对

4．《建筑工程施工合同（示范文本）》（GF—2013—0201）不包括（　　）。

A．协议书　　B．通用条款　　C．专用条款　　D．工程数量表

5．《建筑工程施工合同（示范文本）》（GF—2013—0201）的附件不包括（　　）。

A．工程材料数量表　　B．承包人承揽工程项目一览表
C．发包人供应材料设备一览表　　D．工程质量保修书

6．（　　）不是协议书的内容。

A．工程概况　　B．工程质量保修书
C．工程承包范围　　D．合同工期

7．（　　）不是协议书的内容。

A．质量标准　　B．工程承包范围
C．工程质量保修书　　D．合同价款

8．（　　）不是协议书的内容。

A．合同价款　　B．组成合同的文件
C．合同生效　　D．工程质量保修书

9．（　　）不是协议书的内容。

A．工程质量保修书　　B．工程概况
C．合同生效　　D．合同工期

10．（　　）不是工程概况需要表述的内容。

A．工程名称　　B．工程质量要求　　C．工程地点　　D．立项批文

11．（　　）不是工程概况需要表述的内容。

A．资金来源　　B．工程地点　　C．工程质量要求　　D．立项批文

12．合同工期内容中不包括（　　）。

A．开工日期　　B．竣工日期

C．合同工期总日历天数　　D．中止日期

13．（　　）不是组成合同的文件。

A．工程质量保修书　　B．本合同协议书

C．中标通知书　　D．投标书及附件

14．（　　）不是组成合同的文件。

A．本合同专用条款　　B．工程质量保修书

C．中标通知书　　D．本合同通用条款

15．（　　）不是组成合同的文件。

A．中标通知书　　B．图纸

C．工程质量保修书　　D．标准、规范

16．（　　）不是组成合同的文件。

A．工程量清单　　B．构成报价单

C．标准、规范和有关技术文件　　D．工程质量保修书

17．承包人向发包人承诺按照合同约定进行施工、竣工，并在（　　）承担工程质量保修责任。

A．质量保修期内　　B．质量保修期结束后

C．竣工结算前　　D．以上都不对

18．合同生效款项中不包括（　　）。

A．合同订立时间　　B．合同订立内容

C．合同订立地点　　D．双方约定的生效时间

19．（　　）是制定本文本的部门根据法律、行政法规及建设工程施工的需要而制定的，通用于所有建设工程项目施工的条款。

A．中标通知书　　B．专用条款　　C．通用条款　　D．标准、规范

20．（　　）是一般建设工程所共同具备的共性条款，是合同文本的基本和指导性部分。

A．标准　　B．规范　　C．专用条款　　D．通用条款

21．通用条款不具有（　　）特点。

A．广泛性　　B．规范性　　C．可靠性　　D．完备性

22．下列表述错误的是（　　）。

A．通用条款是一般建设工程所共同具备的共性条款

B．通用条款虽作为招标文件的组成部分，但不能直接予以采用

C．通用条款是合同文本的基本和指导性部分

D．通用条款具有规范性、完备性

23.《建筑工程施工合同（示范文本）》（GF—2013—0201）的通用条款不包括（　　）。

A．词语定义及合同文件　　B．双方的一般权利和义务

C．强制条款　　D．施工组织设计

24.《建筑工程施工合同（示范文本）》（GF—2013—0201）的通用条款不包括（　　）。

A．质量与检验　　B．双方的一般权利和义务

C．工期　　D．强制条款

25.《建筑工程施工合同（示范文本）》（GF—2013—0201）的通用条款不包括（　　）。

A．强制条款　　B．质量与检验　　C．安全施工　　D．合同价款与支付

26.《建筑工程施工合同（示范文本）》（GF—2013—0201）的通用条款不包括（　　）。

A．材料设备供应　　B．强制条款　　C．安全施工　　D．工程变更

27.《建筑工程施工合同（示范文本）》（GF—2013—0201）的通用条款不包括（　　）。

A．违约、索赔和争议　　B．竣工验收与结算

C．强制条款　　D．工程变更

28.《建筑工程施工合同（示范文本）》（GF—2013—0201）的通用条款不包括（　　）。

A．违约、索赔和争议　　B．施工组织设计与工期

C．质量与检验　　D．强制条款

29.（　　）是对通用条款规定内容的确认与具体化，是合同双方根据企业实际情况和工程项目的具体特点，经过协商达成一致的内容。

A．专用条款　　B．强制条款　　C．通用条款　　D．以上都不对

30. 专用条款是对通用条款规定内容的确认与具体化，是合同双方根据（　　），经过协商达成一致的内容。

A．工程项目的内容　　B．企业实际情况和工程项目的具体特点

C．企业原有状况　　D．以上都不对

31. 在通用条款中讲的（　　）问题不需在专用条款中作补充和修改。

A．笼统的　　B．普遍的　　C．确定的　　D．不够明确的

32.（　　）不是工程质量保修书的内容。

A．工程质量保修范围　　B．工程质量保修内容

C．质量保修期　　D．质量保修要求

33.（　　）不是工程质量保修书的内容。

A．质量保修要求　　B．质量保修金的支付

C．质量保修期　　D．质量保修责任

34.（　　）不是工程质量保修书的内容。

A．质量保修金的返还　　　　B．质量保修要求

C．质量保修内容　　　　D．质量保修责任

35．工程质量保修范围不包括（　　）。

A．地基基础工程　　　　B．主体结构工程

C．屋面防水工程　　　　D．装饰工程

36．工程质量保修范围不包括（　　）。

A．电气管线安装工程　　　　B．供热系统工程

C．楼地面工程　　　　D．屋面防水工程

37．质量保修期从（　　）算起。

A．工程竣工验收合格之日　　　　B．工程竣工验收之日

C．工程完工之日　　　　D．以上都不对

38．分单项竣工验收的工程，（　　）计算质量保修期。

A．按单项工程的总和　　　　B．按单项工程分别

C．按分部工程分部　　　　D．以上都不对

39．土建工程（基础设施工程、房屋建筑的地基基础工程和主体结构工程）的质量保修期为（　　）。

A．投标文件规定的该工程的使用年限

B．该工程的实际使用年限

C．设计文件规定的该工程的合理使用年限

D．以上都不对

40．屋面防水工程的质量保修期为（　　）年。

A．1　　B．2　　C．3　　D．5

41．电气管线、给排水管道、设备安装和装修工程的质量保修期为（　　）年。

A．1　　B．2　　C．3　　D．5

42．供热及供冷系统的质量保修期为（　　）。

A．1 年　　B．2 年　　C．2 个采暖期　　D．1 个采暖期

43．室外的上下水和小区道路等市政工程的质量保修期可以（　　）。

A．根据有关规定双方约定　　　　B．2 年

C．5 年　　　　D．10 年

44．属于保修范围和内容的项目，承包人应在接到修理通知书之日后（　　）天内派人修理。

A．5　　B．7　　C．10　　D．14

45．承包人不在约定的期限内派人修理，（　　）。

A．发包人也不能委托其他人员修理

B．发包人可以委托其他人员修理，保修费用由发包人承担
C．发包人可以委托其他人员修理，保修费用从质量保修金内扣除
D．以上都不对

46．非承包人施工引起的质量事故，抢修费用由（　　）承担。
A．发包人　　B．承包人　　C．双方　　D．以上都不对

47．在国家规定的工程合理使用期限内，承包人确保（　　）的质量。
A．地基基础工程和装饰工程　　B．装饰工程和主体结构工程
C．装饰工程和采暖工程　　D．地基基础工程和主体结构工程

48．因承包人原因致使工程在合理使用期限内造成人身和财产损害的，（　　）应承担损害赔偿责任。
A．发包人　　B．承包人　　C．双方　　D．以上都不对

49．工程保修金一般为合同价款的（　　）。
A．1%～3%　　B．2%～4%　　C．3%～5%　　D．以上都不对

50．发包人在质量保修期满后（　　）内，将剩余保修金和利息返还承包人。
A．14 天　　B．10 天　　C．7 天　　D．以上都不对

51．（　　）在质量保修期满后 14 天内，将剩余保修金和利息返还承包人。
A．承包人　　B．发包人　　C．建设单位　　D．以上都不对

52．监理方是受（　　）委托，依法对建设工程进行监理。
A．设计方　　B．发包方　　C．承包方　　D．以上都不对

53．（　　）是指在协议中约定，具有工程发包主体资格和支付工程价款能力的当事人以及取得当事人资格的合法继承人。
A．设计单位　　B．勘察单位　　C．承包人　　D．发包人

54．发包人不可以是（　　）。
A．无民事行为能力的人　　B．政府机关
C．企事业单位　　D．个人投资者

55．下列不属于发包人按专用条款约定完成的工作内容是（　　）。
A．办理土地征用、拆迁补偿等工作
B．将施工所需的水、电从市区接至专用条款约定地点
C．开通施工场地与城乡公共道路的通道
D．向承包人提供施工现场的工程地质和地下管线资料

56．下列不属于发包人按专用条款约定完成的工作内容是（　　）。
A．办理施工许可证及其他施工所需证件
B．确定水准点和坐标控制点，以书面形式交给承包人

C．将施工所需的水、电从市区接至专用条款约定地点
D．组织承包人和设计单位进行图纸会审和设计交底

57．下列不属于发包人按专用条款约定完成的工作内容是（　　）。
A．办理土地征用、拆迁补偿等工作
B．协调处理施工场地周围地下管线和邻近建筑物的保护工作
C．开通施工场地与城乡公共道路的通道
D．将施工所需的水、电从市区接至专用条款约定地点

58．任何建设工程开工前必须向（　　）办理施工许可证。
A．当地建设行政主管部门　　B．当地政府机关
C．当地公安局　　D．以上都不对

59．（　　）是建设场地附近国家大地高程控制网中的某一点。
A．坐标点　　B．水准点　　C．坐标控制点　　D．以上都不对

60．（　　）是指建设用地边界及建筑物边界在城市坐标控制网中的位置数值。
A．坐标点　　B．水准点　　C．坐标控制点　　D．以上都不对

61．发包人未能履行各项义务，导致工期延误或给承包人造成损失的，（　　）。
A．发包人不需赔偿承包人有关损失，但应顺延因此而延误的工期
B．发包人不需赔偿承包人有关损失，也不顺延因此而延误的工期
C．发包人应赔偿承包人有关损失，但不顺延因此而延误的工期
D．发包人应赔偿承包人有关损失，并顺延因此而延误的工期

62．（　　）指在协议书上约定，被发包人接受的具有工程施工主体资格的当事人及取得该当事人资格的合法继承人。
A．承包人　　B．发包人　　C．建设单位　　D．以上都不对

63．承包人根据发包人委托，在其设计资质等级和业务允许的范围内，完成施工图设计与工程配套设计，经（　　）确认后使用，发包人承担由此发生的费用。
A．承包人　　B．工程师　　C．发包人　　D．以上都不对

64．承包人根据发包人委托，在其设计资质等级和业务允许的范围内，完成施工图设计与工程配套设计，经工程师确认后使用，（　　）承担由此发生的费用。
A．承包人　　B．工程师　　C．发包人　　D．以上都不对

65．施工现场安全由（　　）负责。
A．建设单位　　B．分包单位　　C．工程师　　D．建筑施工企业

66．关于承包人应按专用条款约定完成的工作，说法错误的是（　　）。
A．根据发包人委托，在其设计资质等级和业务允许的范围内，完成施工图设计与工程配套设计，经工程师确认后使用，承包人承担由此发生的费用
B．向工程师提供年、季、月度工程进度计划及相应的进度统计报表

C．根据工程需要，提供和维修夜间施工使用的照明、围栏设施，并负责安全保卫
D．向发包人提供场地办公和生活的房屋及设施，发包人承担由此发生的费用

67．关于承包人应按专用条款约定完成的工作，说法错误的是（　　）。
A．向工程师提供年、季、月度工程进度计划及相应的进度统计报表
B．向发包人提供场地办公和生活的房屋及设施，并承担由此发生的费用
C．根据工程需要，提供和维修夜间施工使用的照明、围栏设施，并负责安全保卫
D．遵守政府有关主管部门对施工场地交通、施工噪声环境保护以及安全生产的规定

68．关于承包人应按专用条款约定完成的工作，说法错误的是（　　）。
A．向工程师提供年、季、月度工程进度计划及相应的进度统计报表
B．保证施工场地符合环境卫生管理的有关规定
C．向发包人提供场地办公和生活的房屋及设施，并承担由此发生的费用
D．已竣工工程未交付发包人之前，承包人按专用条款的约定负责已完工程的保护工作

69．承包人应按专用条款约定的数量和要求，向发包人提供场地办公和生活的房屋及设施，（　　）承担由此发生的费用。
A．监理单位　　B．工程师　　C．承包人　　D．发包人

70．承包人应遵守政府有关主管部门对施工场地交通、施工噪声以及环境保护安全生产的规定，（　　），发包人承担由此发生的费用。
A．按规定办理有关手续，并以书面形式通知发包人
B．按规定办理有关手续，并以电话通知发包人
C．按规定办理有关手续，并口头通知发包人
D．以上都不对

71．承包人违章造成的罚款应由（　　）负责。
A．发包人　　B．承包人　　C．工程师　　D．以上都不对

72．已竣工工程未交付发包人之前，承包人按专用条款的约定负责已完工程的保护工作，（　　）。
A．保护期间发生损坏，发包人予以修复
B．保护期间发生损坏，承包人予以修复，费用由发包人承担
C．保护期间发生损坏，承包人自费予以修复
D．以上都不对

73．（　　）收到建设工程竣工报告后，应当组织设计、施工、工程监理等有关单位进行竣工验收。
A．监理工程师　　B．政府主管部门　　C．承包人　　D．建设单位

74．对于地下管线等公共设施、邻近建筑物的安全，承包人应当采取措施加以保护，所发生的费用由（　　）承担。
A．发包人　　B．政府主管部门　　C．承包人　　D．以上都不对

75．承包人未能履行各项义务，造成发包人损失的，（　　）。

A．承包人不需赔偿　　B．承包人应赔偿发包人损失

C．发包人自行承担相关费用　　D．以上都不对

76．（　　）是指本工程监理单位委派的总监理工程师或发包人指定的履行本合同的代表，其具体身份和职权由发包人、承包人在专用条款中约定。

A．工程师　　B．监理工程师　　C．发包人代表　　D．以上都不对

77．发包人派驻施工现场履行合同的代表常称为（　　）。

A．监理工程师　　B．安全员　　C．乙方代表　　D．甲方代表

78．发包人代表的职权不得与总监的职权相互交叉，双方职权发生交叉或不明确时，由（　　）予以确认，并以书面形式通知承包人。

A．发包人　　B．承包人　　C．工程师　　D．以上都不对

79．合同履行中，发生影响发、承包双方权力或义务的事件时，（　　）应依据合同在其职权范围内客观公正地进行处理。

A．相关政府部门　　B．监理工程师　　C．主管部门　　D．以上都不对

80．（　　），监理工程师无权解除本合同约定的承包人的任何权利和义务。

A．除合同内涉及的内容

B．除承包人同意

C．除合同内有明确约定或经发包人同意外

D．以上都不对

81．工程师可委派工程师代表，行使合同约定的自己的职权，并可在认为必要时撤回委派，委派和撤回均应提前（　　）天通知承包人。

A．1　　B．3　　C．5　　D．7

82．下列表述错误的是（　　）。

A．工程师不可委派工程师代表，行使合同约定的自己的职权

B．工程师可在认为必要时撤回委派

C．委派和撤回均应提前 7 天通知承包人

D．委派书和撤回通知作为本合同的附件

83．下列表述错误的是（　　）。

A．工程师可委派工程师代表，行使合同约定的自己的职权

B．委派书和撤回通知不能作为本合同的附件

C．委派和撤回均应提前 7 天通知承包人

D．工程师可在认为必要时撤回委派

84．工程师代表在工程师授权范围内向承包人发出的任何书面形式的函件，（　　）。

A．比工程师发出的函件更具有效力

B．不如工程师发出的函件具有效力

C．与工程师发出的函件具有同等效力

D．以上都不对

85．下列表述错误的是（　　）。

A．工程师代表在工程师授权范围内向承包人发出的任何书面形式的函件，与工程师发出的函件具有同等效力

B．承包人对工程师代表向其发出的任何书面形式的函件有疑问时，可将此函件提交工程师，工程师应进行确认

C．工程师代表发出的指令有失误时，工程师应进行纠正

D．发包人派驻工地所有人员均有权向承包人发出指令

86．下列表述错误的是（　　）。

A．工程师代表发出的指令有失误时，承包人应进行纠正

B．承包人对工程师代表向其发出的任何书面形式的函件有疑问时，可将此函件提交工程师，工程师应进行确认

C．工程师代表在工程师授权范围内向承包人发出的任何书面形式的函件，与工程师发出的函件具有同等效力

D．发包人派驻工地的其他人员均无权向承包人发出指令

87．工程师的指令、通知由其本人签字后，以书面形式交给（　　）。

A．项目技术负责人　　B．项目经理

C．企业技术负责人　　D．以上都不对

88．确有必要时，工程师可发出口头指令，并在（　　）小时内给予书面确认，承包人对工程师的指令应予执行。

A．12　　B．24　　C．48　　D．以上都不对

89．确有必要时，工程师可发出口头指令，并在 48 小时内给予书面确认，承包人对工程师的指令应予执行。工程师不能及时给予书面确认的，承包人应于工程师发出口头指令（　　）天内提出书面确认要求。

A．14　　B．12　　C．10　　D．7

90．工程师在承包人提出确认要求后（　　）小时内不予答复的，视为口头指令已被确认。

A．12　　B．24　　C．48　　D．以上都不对

91．承包人认为工程师指令不合理，应在收到指令后（　　）小时内向工程师提出修改指令的书面报告。

A．12　　B．24　　C．48　　D．以上都不对

92．紧急情况下，工程师要求承包人立即执行的指令或承包人虽有异议，但工程师决定仍然继续执行的指令，（　　）。

A．承包人应予执行　　B．承包人不需执行

C．视情况而定，是否执行　　D．以上都不对

93．因指令错误发生追加合同价款和给承包人造成的损失，（　　）。

A．由承包人自行承担，延误的工期不顺延

B．由承包人自行承担，延误的工期相应顺延

C．由发包人承担，延误的工期不顺延

D．由发包人承担，延误的工期相应顺延

94．由于工程师未能按合同约定履行义务造成的工期延误，（　　）。

A．发包人应承担延误造成的追加合同价款，并赔偿承包人有关损失，顺延延误的工期

B．发包人不承担延误造成的追加合同价款，不需赔偿承包人有关损失，但不顺延延误的工期

C．发包人应承担延误造成的追加合同价款，不需赔偿承包人有关损失，顺延延误的工期

D．发包人应承担延误造成的追加合同价款，并赔偿承包人有关损失，但不顺延延误的工期

95．如需更换工程师，发包人应至少提前（　　）天以书面形式通知承包人，后任继续行使合同文件约定的前任的职权，履行前任的义务。

A．5　　B．7　　C．14　　D．28

96．如需更换工程师，发包人应至少提前7天以书面形式通知承包人，（　　）。

A．后任需继续行使合同文件约定的前任的职权，但不需履行前任的义务

B．后任不需继续行使合同文件约定的前任的职权，履行前任的义务

C．后任继续行使合同文件约定的前任的职权，履行前任的义务

D．以上都不对

97．（　　）是指在国家现行的有关法律、法规、技术标准、设计文件和合同条款中，对工程的安全、适用、经济、美观等特性的综合要求。

A．质量　　B．建设标准　　C．建设工程质量　　D．以上都不对

98．国家实行建设工程（　　）。

A．质量监督制度　　B．质量检查制度

C．质量检验制度　　D．以上都不对

99．工程质量应当达到协议书约定的质量标准，质量的验收以（　　）为依据。

A．约定的质量标准　　B．国家或行业的质量验收标准

C．通用的质量标准　　D．以上都不对

100．因承包人原因工程质量达不到约定的质量标准，（　　）承担违约责任。

A．发包人　　B．监理方　　C．承包人　　D．以上都不对

101．双方对工程质量有争议，由双方同意的工程质量检测机构鉴定，所需的费用及因此造成的损失，由（　　）承担。

A．发包方　　B．承包方　　C．责任方　　D．以上都不对

102．因承包人原因达不到约定标准，（　　）。

A．由发包人承担拆除和重新施工的费用，工期相应顺延

B．由发包人承担拆除和重新施工的费用，工期不予顺延

C．由承包人承担拆除和重新施工的费用，工期相应顺延

D．由承包人承担拆除和重新施工的费用，工期不予顺延

103．因工程师指令失误或其他非承包人原因发生的追加合同价款，由（　　）承担。

A．发包人　　B．承包人　　C．双方　　D．以上都不对

104．工程师的检查检验不应影响施工正常进行，如影响正常施工进行，检查检验不合格时，影响正常施工的费用由（　　）承担。

A．发包人　　B．承包人　　C．双方　　D．以上都不对

105．下列表述错误的是（　　）。

A．因承包人原因工程质量达不到约定的质量标准，承包人应承担违约责任

B．因工程师指令失误或其他非承包人原因发生的追加合同价款，由发包人承担

C．因承包人原因达不到约定标准，由承包人承担拆除和重新施工的费用，工期予以顺延

D．工程师的检查检验不应影响施工正常进行，如影响正常施工进行，检查检验不合格时，影响正常施工的费用由承包人承担

106．工程验收内容不包括（　　）。

A．隐蔽工程的中间验收　　B．重新检验

C．竣工验收　　D．交工验收

107．工程验收内容不包括（　　）。

A．交工验收　　B．工程试车

C．竣工验收　　D．隐蔽工程的中间验收

108．工程具备隐蔽条件或达到专用条款约定的中间验收部位，承包人进行自检，并在隐蔽或中间验收前（　　）小时以书面形式通知工程师验收。

A．48　　B．36　　C．24　　D．12

109．工程具备隐蔽条件或达到专用条款约定的中间验收部位，承包人进行自检，并在隐蔽或中间验收前 48 小时以书面形式通知工程师验收。通知不包括（　　）。

A．隐蔽和中间验收的内容　　B．验收的程序

C．验收的时间　　D．验收的地点

110．承包人准备验收记录，验收合格，（　　）在验收记录上签字后，承包人可进行隐蔽和继续施工。

A．发包人　　B．承包人　　C．工程师　　D．以上都不对

111．工程师不能按时进行验收，应在验收前（　　）小时以书面形式向承包人提出延期要求。

A．48　　B．36　　C．32　　D．24

112．工程师不能按时进行验收，应在验收前 24 小时以书面形式向承包人提出延期要求，延期不能超过（　　）小时。

A．48　　B．36　　C．24　　D．12

113．工程师不能按时进行验收，应在验收前 24 小时以书面形式向承包人提出延期要求，延期不能超过 48 小时。工程师未能按以上时间提出延期要求，不进行验收，（　　）。

A．承包人不可自行组织验收

B．承包人可自行组织验收，工程师应承认验收记录

C．承包人可自行组织验收，但工程师可不承认验收记录

D．以上都不对

114．隐蔽工程验收不合理，因此造成的费用增加和工期延误由（　　）承担

A．发包人　　B．承包人　　C．监理人　　D．以上都不对

115．无论工程师是否进行验收，当其要求对已经隐蔽的工程重新检验时，承包人应按要求进行剥离或开孔，并在检验后重新覆盖和修复，检查合格，（　　）。

A．发包人承担由此发生的全部追加合同价款，赔偿承包人损失，相应顺延工期

B．发包人承担由此发生的全部追加合同价款，赔偿承包人损失，工期不顺延

C．承包人承担由此发生的全部追加合同价款，相应顺延工期

D．承包人承担由此发生的全部追加合同价款，工期不顺延

116．无论工程师是否进行验收，当其要求对已经隐蔽的工程重新检验时，承包人应按要求进行剥离或开孔，并在检验后重新覆盖和修复，检查不合格，（　　）。

A．发包人承担全部发生的费用，工期不予顺延

B．承包人承担全部发生的费用，工期不予顺延

C．承包人承担全部发生的费用，工期相应顺延

D．发包人承担全部发生的费用，工期相应顺延

117．（　　）不是供应材料设备一览表的内容。

A．材料设备的品种　　B．材料设备的规格

C．材料设备的型号　　D．材料设备的供应商名称

118．（　　）不是供应材料设备一览表的内容。

A．材料设备的数量　　B．材料设备的单位

C．材料设备的型号　　D．材料设备的供应商名称

119．（　　）不是供应材料设备一览表的内容。

A．材料设备的质量等级　　B．材料设备的提供时间

C．材料设备的提供地点　　D．材料设备的供应商名称

120．发包人在所供应材料设备到货前（　　）小时，以书面形式通知承包人，由承包人派

人与发包人共同清点。

A．7　　　　B．12　　　　C．24　　　　D．以上都不对

121．发包人供应的材料设备，承包人派人参加清点后，（　　）。

A．由承包人妥善保管，承包人支付相应费用

B．由发包人妥善保管，发包人支付相应费用

C．由承包人妥善保管，双方共同支付相应费用

D．由承包人妥善保管，发包人支付相应费用

122．发包人供应的材料设备，承包人派人参加清点后，由承包人妥善保管，发包人支付相应费用。因承包人原因发生丢失损坏，由（　　）负责赔偿。

A．承包人　　　　B．发包人　　　　C．工程师　　　　D．以上都不对

123．发包人供应的材料设备，承包人派人参加清点后，由承包人妥善保管，发包人支付相应费用。发包人未通知承包人清点，承包人不负责材料设备的保管，丢失损坏由（　　）负责。

A．承包人　　　　B．发包人　　　　C．工程师　　　　D．以上都不对

124．发包人供应的材料设备与一览表不符时，（　　）承担有关责任。

A．承包人　　　　B．工程师　　　　C．发包人　　　　D．以上都不对

125．发包人供应材料设备单价与一览表不符时，（　　）。

A．由发包人承担所有差价　　　　B．由承包人承担所有差价

C．由双方共同承担所有差价　　　　D．以上都不对

126．材料设备的品种、规格、型号、质量等级与一览表不符时，（　　）。

A．承包人应暂时接收保管，由发包人运出施工承担并重新采购

B．承包人可拒绝接收保管，由发包人运出施工承担并重新采购

C．承包人可拒绝接收保管，由承包人运出施工承担并重新采购

D．以上都不对

127．材料的规格、型号与一览表不符时，（　　）。

A．经发包人同意，承包人可代为调剂串换，由承包人承担费用

B．经发包人同意，承包人可代为调剂串换，由双方承担费用

C．经发包人同意，承包人可代为调剂串换，由发包人承担费用

D．不需经发包人同意，承包人可代为调剂串换，由发包人承担费用

128．下列表述错误的是（　　）。

A．到货时间迟于一览表约定时间，发包人赔偿由此造成的承包人损失

B．到货时间早于一览表约定时间，由发包人承担因此发生的保管费用

C．供应数量少于一览表约定数量时，由发包人补齐

D．到货地点与一览表不符，由承包人负责运至一览表指定地点

129．下列表述错误的是（　　）。

A．到货时间迟于一览表约定时间，发包人不赔偿由此造成的承包人损失
B．到货时间早于一览表约定时间，由发包人承担因此发生的保管费用
C．供应数量少于一览表约定数量时，由发包人补齐
D．到货地点与一览表不符，由发包人负责运至一览表指定地点

130．发包人供应的材料设备使用前，由承包人负责检验或试验，不合格的不得使用，检验或试验费用由（　　）承担。
A．承包人　　B．发包人　　C．双方共同　　D．以上都不对

131．承包人采购的材料设备使用前，承包人应按工程师的要求进行检验或试验，不合格的不得使用，检验或试验费用由（　　）承担。
A．承包人　　B．发包人　　C．双方共同　　D．以上都不对

132．承包人采购的材料设备与设计或者标准要求不符时，承包人应按工程师要求的时间运出施工场地，重新采购符合要求的产品，（　　）。
A．承包人承担相应费用，工期予以顺延
B．发包人承担相应费用，工期予以顺延
C．发包人承担相应费用，工期不予顺延
D．承包人承担相应费用，工期不予顺延

133．承包人需要使用代用材料时，（　　）。
A．应经工程师认可后才能使用　　B．应经发包人认可后才能使用
C．应经相关部门认可后才能使用　　D．以上都不对

134．由承包人采购的材料设备，（　　）。
A．发包人可以指定生产商或供应商　　B．发包人不得指定生产商或供应商
C．工程师不得指定生产商或供应商　　D．以上都不对

135．（　　）是指设备安装工程中部分或整体安装完毕后进行的设备试运转，用以检验安装工程质量是否合格。
A．联动试车　　B．投料试车　　C．工程试车　　D．单机试车

136．（　　）是整个工程中某一部设备安装完毕，它的开机运转不影响其他设备。
A．联动试车　　B．投料试车　　C．工程试车　　D．单机试车

137．（　　）是整个设备系统都已安装完毕，各部分之间水、气、电管线都已联通，一旦启动整个系统都处于运转状态。
A．联动试车　　B．投料试车　　C．工程试车　　D．单机试车

138．（　　）是联动试车合格后在系统内投入产品原料进行试生产。
A．联动试车　　B．投料试车　　C．工程试车　　D．单机试车

139．设备安装工程具备单机无负荷试车条件，承包人组织试车，并在试车前（　　）小时以书面形式通知工程师。

A．12　　B．24　　C．48　　D．56

140．设备安装具备无负荷联动试车条件，（　　）组织试车，并在试车前48小时以书面形式通知（　　）。

A．发包人，工程师　　B．工程师，承包人

C．工程师，发包人　　D．发包人，承包人

141．投料试车应在工程竣工验收后由（　　）负责，如发包人要求在工程竣工前进行或需要承包人配合时，应征得（　　）同意，另行签订补充协议。

A．发包人，承包人　　B．工程师，承包人

C．工程师，发包人　　D．发包人，工程师

142．（　　）不是工程试车中双方的责任。

A．由于设计原因试车达不到验收要求，发包人应要求设计单位修改设计，承包人按修改后的设计重新安装

B．由于设备制造原因试车达不到验收要求，由该设备采购一方负责重新购置或修理，承包人负责拆除和重新安装

C．由于承包人原因试车达不到验收要求，承包人按工程师要求重新安装和试车，并承担重新安装和试车的费用，工期不予顺延

D．由于发包人原因试车达不到验收要求，承包人按工程师要求重新安装和试车，不承担重新安装和试车的费用，工期不予顺延

143．由于设计原因试车达不到验收要求，发包人应要求设计单位修改设计，承包人按修改后的设计重新安装，（　　）。

A．承包人承担修改设计、拆除及重新安装的全部费用和追加合同价款，工期相应顺延

B．发包人承担修改设计、拆除及重新安装的全部费用和追加合同价款，工期相应顺延

C．发包人承担修改设计、拆除及重新安装的全部费用和追加合同价款，工期不顺延

D．发包人承担修改设计、拆除及重新安装的全部费用和追加合同价款，工期部分顺延

144．由于设备制造原因试车达不到验收要求，由该设备采购一方负责重新购置或修理，承包人负责拆除和重新安装。设备由承包人采购的，（　　）。

A．承包人承担修改设计、拆除及重新安装的全部费用和追加合同价款，工期相应顺延

B．发包人承担修改设计、拆除及重新安装的全部费用和追加合同价款，工期相应顺延

C．承包人承担修改设计、拆除及重新安装的全部费用和追加合同价款，工期不顺延

D．发包人承担修改设计、拆除及重新安装的全部费用和追加合同价款，工期部分顺延

145．试车费用除已包括在合同价款之内或专用条款另有约定外，均由（　　）承担。

A．发包人　　B．承包人　　C．双方共同　　D．以上都不对

146．交付竣工验收的建筑工程，不需具备（　　）。

A．符合建筑工程质量标准　　B．有完整的工程技术经济资料

C．经签署的工程保修书　　D．银行的证明函

147．下列说法错误的是（　　）。

A．建筑工程竣工验收合格后方可交付使用
B．未经验收，不得交付使用
C．验收不合格的，不得交付使用
D．验收不合格的，也可交付使用

148．工程具备竣工验收条件，____按国家工程竣工验收有关规定，向____提供完整竣工材料及竣工验收报告。（　　）

A．发包人；工程师　　B．工程师；承包人
C．工程师；发包人　　D．承包人；发包人

149．发包人接到竣工验收报告后____天内组织有关单位验收，并在验收后____天内给予认可或提出修改意见。（　　）

A．28；14　　B．14；14　　C．28；28　　D．14；28

150．发包人接到竣工验收报告后（　　）天内组织有关单位验收，并在验收后 14 天内给予认可或提出修改意见。

A．42　　B．28　　C．14　　D．7

151．发包人接到竣工验收报告后 28 天内不组织验收，或验收后 14 天内不提出修改意见，（　　）。

A．视为竣工验收报告被部分认可　　B．竣工验收报告不能被认可
C．视为竣工验收报告已被认可　　D．以上都不对

152．工程验收通过，（　　）为实际竣工日期。

A．发包人提交的竣工验收报告被批准的日期
B．承包人提交的竣工验收报告被批准的日期
C．发包人提交竣工验收报告的日期
D．承包人提交竣工验收报告的日期

153．工程按发包人要求修改后通过竣工验收的，实际竣工日期为（　　）。

A．承包人修改后提请发包人验收的日期
B．承包人修改后提请发包人验收合格的日期
C．承包人首次提请发包人验收的日期
D．以上都不对

154．发包人收到监理人审核的竣工验收报告后 28 天内不组织验收，（　　）。

A．发包人不承担任何责任
B．从第 29 天起视为本工程已竣工验收合格
C．发包人从第 29 天起承担工程保管责任，但不承担意外责任
D．以上都不对

155．发包人强行使用未经竣工验收的工程，由此发生的质量问题或其他问题，（　　）。

A．由发包人承担　　B．由承包人承担

C. 由双方共同承担　　D. 以上都不对

156. 合同文本的进度控制条款不包括（　　）。

A. 进度计划　　B. 开工和竣工　　C. 暂停施工　　D. 进度安排

157. 建设工程进度计划包括两类，即施工总进度计划及单位工程施工进度计划。（　　）

A. 正确　　B. 错误

158.（　　）是对全现场所有施工活动在时间上所做的安排，即施工部署在时间上的体现。

A. 施工总进度计划　　B. 单位工程施工进度计划

C. 单项工程施工进度计划　　D. 以上都不对

159.（　　）的作用在于确定各单位工程、准备工程和全工地性的施工期限及其开竣工时间，确定各项工程的衔接关系。

A. 单项工程施工进度计划　　B. 单位工程施工进度计划

C. 施工总进度计划　　D. 以上都不对

160.（　　）是在已确定了施工方案的基础上，根据工期要求、技术和资源供应条件以及遵循的施工顺序，对工程各个项目的施工持续时间以及相互搭接与穿插的配合关系、开竣工时间及总工期等做出安排，并用图表表示出来。

A. 单项工程施工进度计划　　B. 单位工程施工进度计划

C. 施工总进度计划　　D. 以上都不对

161. 承包人应按专用条款约定的日期，将施工组织设计和工程进度计划提交工程师，工程师应予以确认或提出修改意见，逾期不确认的则视为不同意。（　　）

A. 正确　　B. 错误

162. 工程实际进度和经确认的进度计划不符时，承包人应按工程师的要求提出改进措施，经工程师确认后执行。（　　）

A. 正确　　B. 错误

163. 因承包人原因导致实际进度与进度计划不符，（　　）。

A. 承包人有权就改进措施，但无权提出追加合同价款

B. 承包人有权就改进措施提出追加合同价款

C. 承包人无权就改进措施提出追加合同价款

D. 以上都不对

164. 承包人不能按时开工，应当不迟于协议书约定的开工日期前（　　）天，以书面形式向工程师提出延期开工的理由和要求。

A. 21　　B. 14　　C. 10　　D. 7

165. 工程师应当在接到延期开工申请后的（　　）小时以内以书面形式答复承包人。

A. 12　　B. 24　　C. 36　　D. 48

166. 工程师在接到延期开工申请后的（　　）小时不答复，视为同意承包人要求，工期相应顺延。

A. 12　　B. 24　　C. 36　　D. 48

167. 工程师在接到延期开工申请后的 48 小时不答复，（　　）。

A. 视为不同意承包人要求，工期亦不顺延

B. 视为同意承包人要求，但工期不顺延

C. 视为同意承包人要求，工期相应顺延

D. 视为不同意承包人要求，工期相应顺延

168. 工程师不同意延期要求或承包人未在规定时间内提出延期开工要求，（　　）。

A. 工期不予顺延　　B. 工期相应顺延

169. 因发包人原因不能按照协议书约定的开工日期开工，工程师应以书面形式通知承包人，推迟开工日期，（　　）。

A. 发包人赔偿承包人因延期开工造成的损失，但不顺延工期

B. 发包人赔偿承包人因延期开工造成的损失，并相应顺延工期

C. 发包人不赔偿承包人因延期开工造成的损失，但相应顺延工期

D. 发包人不赔偿承包人因延期开工造成的损失，也不顺延工期

170. 工程师以为确有必要暂停施工时，应当以书面形式要求承包人暂停施工，并在提出要求 24 小时内提出书面处理意见。（　　）

A. 正确　　B. 错误

171. 承包人实施工程师作出的暂停施工的处理意见后，可以书面形式提出复工要求，工程师应在 48 小时内给予答复。（　　）

A. 正确　　B. 错误

172. 因发包人原因造成停工的，（　　）。

A. 发包人不承担所发生的追加合同价款，赔偿承包人由此造成的损失，工期也不顺延

B. 由发包人承担所发生的追加合同价款，赔偿承包人由此造成的损失，但工期不顺延

C. 发包人不承担所发生的追加合同价款，赔偿承包人由此造成的损失

D. 由发包人承担所发生的追加合同价款，赔偿承包人由此造成的损失，相应顺延工期

173. 因承包人原因造成停工的，（　　）。

A. 由承包人承担发生的费用，工期不予顺延

B. 由承包人承担发生的费用，工期予以顺延

C. 由发包人承担发生的费用，工期不予顺延

D. 由发包人承担发生的费用，工期予以顺延

174. 由发包人、工程师、第三方或自然条件引起的工期延误，（　　）。

A. 工期可以顺延

B. 工期不能顺延

C. 经工程师签证确认后，工期可相应顺延

D. 以上都不对

175. 因延误而应当顺延工期的情况不包括（　　）。

A. 发包人未能按专用条款的约定提供图纸及开工条件

B. 发包人未能按约定日期支付工程预付款，致使施工不能正常进行

C. 工程师未能按合同约定提供所需指令、批准等，致使工程不能进行

D. 设计变更使工程量变化

176. 因延误而应当顺延工期的情况不包括（　　）。

A. 不可抗力

B. 一周内非承包人原因停水、停电、停气造成停工累计超过 4 小时

C. 工程师未能按合同约定提供所需指令、批准等，致使工程不能进行

D. 设计变更使工程量增加

177. 承包人在工期可以顺延的情况发生后（　　）天内，就延误的工期以书面形式向工程师提出报告。

A. 28　　B. 14　　C. 12　　D. 7

178. 不可抗力事件发生后，承包人应立即通知工程师，并在力所能及的条件下迅速采取措施，尽量减少损失，发包人应协助承包人采取措施。（　）

A. 正确　　B. 错误

179. 不可抗力事件结束后（　　）天内，承包人向工程师提交清理和修复费用的正式报告及有关资料。

A. 28　　B. 14　　C. 12　　D. 7

180. 在施工中发现古墓、古建筑遗址等文物时，承包人应立即保护好现场，并于_____小时内通知工程师，工程师应于收到书面通知后_____小时内报告当地文物管理部门。

A. 2；6　　B. 4；12　　C. 4；24　　D. 8；48

181. 在施工中发现古墓、古建筑遗址等文物时，承包人应立即保护好现场，并于 4 小时内通知工程师，工程师应与收到书面通知后 24 小时内报告当地文物管理部门，发包人、承包人按文物管理部门的要求采取妥善的保护措施，（　　）。

A. 双方共同承担相应的费用　　B. 承包人承担由此发生的费用

C. 发包人承担由此发生的费用　　D. 以上说法都不对

182. 施工中发现影响施工的地下障碍物时，承包人应于______小时内书面通知工程师，同时提出处置方案，工程师收到处置方案后______小时内予以认可或提出修正方案。

A. 2；6　　B. 4；12　　C. 4；24　　D. 8；24

183. （　　）就是发、承包双方对已完成的各项实物工程量进行计算、审核及确认，以此作为工程进度款支付的依据。

A．工程计量　　B．工程计价　　C．工程计算　　D．以上都不对

184．承包人计量的已完成工程量必须经过工程师的确认才有效。（　　）

A．正确　　B．错误

185．承包人应按专用条款约定的时间，向工程师提交已完成工程量报告，工程师接到报告后____天内按设计图纸核实已完工程量，并在计量前____小时通知承包人。

A．5；12　　B．7；12　　C．7；24　　D．14；24

186．承包人收到通知后不参加计量，计量结果无效，不能作为工程价款支付的依据。（　　）

A．正确　　B．错误

187．工程师不按约定的时间通知承包人，致使承包人未能参加计量，计量结果仍有效。（　　）

A．正确　　B．错误

188．对承包人超出设计图纸范围和因承包人原因造成返工的工程量，工程师不予计量。（　　）

A．正确　　B．错误

189．工程预付款的预付时间不迟于约定的开工日期前（　　）天。

A．3　　B．5　　C．7　　D．14

190．发包人不按约定预付，承包人在约定预付____天后向发包人发出要求预付的通知，发包人收到通知后仍不能按要求预付，承包人可在发出通知后____天停止施工。

A．3；7　　B．5；7　　C．7；7　　D．14；14

191．发包人不按约定预付，承包人在约定预付 7 天后向发包人发出要求预付的通知，发包人收到通知后仍不能按要求预付，承包人可在发出通知后 7 天停止施工，（　　）。

A．发包人无须承担违约责任

B．发包人仅应从约定应付之日起向承包人支付应付款的贷款利息

C．发包人应从约定应付之日起向承包人支付应付款的贷款利息，但不承担违约责任

D．发包人应从约定应付之日起向承包人支付应付款的贷款利息，并承担违约责任

192．工程预付款的额度一般为合同额的（　　）。

A．5%　　B．15%　　C．5%～15%　　D．5%～20%

193．工程预付款一般在（　　）全部扣回。

A．工程试车前　　B．质量保修期前

C．工程竣工验收后　　D．工程竣工前

194．（　　）是在工程开工前，发包人预先付给承包人用来进行工程准备的一笔款项。

A．工程预付款　　B．竣工结算款

C．工程进度款　　D．保修金

195．（　　）是在工程施工过程中分期支付的合同价款，一般按工程形象进度即实际完成工程量确定支付款额。

A．工程预付款　　B．竣工结算款　　C．工程进度款　　D．保修金

196．在确认计量结果后 14 天内，发包人应向承包人支付工程进度款。按约定时间发包人应扣回的预付款，与工程进度款同期结算。（　　）

A．正确　　B．错误

197．发包人不按合同约定支付工程进度款，双方又未达成延期付款协议，导致施工无法进行，（　　）。

A．承包人应继续施工

B．承包人可停止施工，由承包人承担违约责任

C．承包人可停止施工，由发包人承担违约责任

D．承包人可停止施工，由双方共同承担违约责任

198．招标工程的合同价款由发包人和承包人依据中标通知书的中标价格在协议书内约定。（　　）

A．正确　　B．错误

199．合同价款在协议书内约定后，各方都可以根据情况改变。（　　）

A．正确　　B．错误

200．（　　）的价款可根据双方的约定而调整，双方在专用条款内约定合同价款的调整方法。

A．固定价格合同　　B．可调价格合同

C．成本加酬金合同　　D．以上都不对

201．（　　）的价款包括成本和酬金两部分，双方在专用条款内约定成本构成和酬金的计算方法。

A．固定价格合同　　B．可调价格合同

C．成本加酬金合同　　D．以上都不对

202．可调价格合同中合同价款的调整因素不包括（　　）。

A．法律、行政法规和国家有关政策变化影响合同价款

B．工程造价管理部门公布的价格调整

C．一周内因承包人原因停水、停电、停气造成停工累计超过 4 小时

D．双方约定的其他因素

203．承包人应当在价格调整情况发生后（　　）天内，将调整原因、金额以书面形式通知工程师，工程师确认调整金额后作为追加合同价款，与工程价款同期支付。

A．3　　B．5　　C．7　　D．14

204．工程竣工结算一般由承包人编制，发包人审核后，按合同规定签章认可，最后通过建

设银行办理工程价款的竣工结算。（　　）

A．正确　　B．错误

205．发包人收到承包人递交的竣工结算报告及结算资料后（　　）天内进行核实，给予确认或者提出修改意见。发包人确认竣工结算报告后通知经办银行向承包人支付工程竣工结算价款。

A．5　　B．7　　C．14　　D．28

206．发包人收到竣工结算报告及结算资料后（　　）天内无正当理由不支付工程竣工结算价款，从第 29 天起按承包人同期向银行贷款利率支付拖欠工程价款的利息，并承担违约责任。

A．5　　B．7　　C．14　　D．28

207．承包人接到竣工结算价款后（　　）天内将竣工工程交付发包人。

A．5　　B．7　　C．14　　D．28

208．发包人收到竣工结算报告及结算资料后 28 天内不支付工程竣工结算价款，承包人可以催告发包人支付结算价款。（　　）

A．正确　　B．错误

209．发包人在收到竣工结算报告及结算资料后（　　）天内仍不支付的，承包人可以与发包人协议将该工程折价，也可以由承包人申请人民法院将该工程依法拍卖，承包人就该工程折价或拍卖的价款优先受偿。

A．56　　B．48　　C．24　　D．12

210．工程竣工验收报告经发包人认可后 28 天内，承包人未能向发包人递交竣工结算报告及完整的结算资料，造成工程结算不能正常进行或工程竣工结算价款不能及时支付，（　　）。

A．发包人要求交付工程的，承包人可不交付

B．发包人不要求交付工程的，承包人不承担保管责任

C．发包人不要求交付工程的，承包人承担保管责任

D．以上都不对

211．未经发包人同意，承包人不得将其承包工程的任何部分分包。（　　）

A．正确　　B．错误

212．承包人不得将其承包的全部工程转包给他人，也不得将其承包的全部工程肢解后以分包的名义转包给他人。（　　）

A．正确　　B．错误

213．分包工程价款由建设单位与分包单位结算。（　　）

A．正确　　B．错误

214．发包人未经承包人同意不得以任何形式向发包人支付各种工程款项。（　　）

A．正确　　　　　　　　　　　　　　B．错误

215．施工中发包人需对原工程设计进行变更，应提前（　　）天以书面形式向承包人发出变更通知。

A．56　　　　B．48　　　　C．24　　　　D．14

216．变更超过原设计标准或批准的建设规模时，（　　）。

A．承包人应报规划管理部门和其他有关部门重新审查批准，并提供变更的相应图纸和说明

B．发包人应报规划管理部门和其他有关部门重新审查批准，并提供变更的相应图纸和说明

C．承包人应报规划管理部门和其他有关部门重新审查批准，并由原设计单位提供变更的相应图纸和说明

D．发包人应报规划管理部门和其他有关部门重新审查批准，并由原设计单位提供变更的相应图纸和说明

217．工程变更不包括（　　）。

A．增减合同中约定的工程量　　　　B．改变有关工程的施工时间和顺序

C．更改工程的材料　　　　　　　　D．更改工程有关部分的标高

218．因变更导致的合同价款的增减及造成承包人的损失，（　　）。

A．由发包人承担，延误工期不予顺延　B．由承包人承担，延误工期不予顺延

C．由发包人承担，延误工期相应顺延　D．由承包人承担，延误工期相应顺延

219．因承包人擅自变更设计发生的费用和由此导致发包人的直接损失，（　　）。

A．由发包人承担，延误工期不予顺延　B．由承包人承担，延误工期不予顺延

C．由发包人承担，延误工期相应顺延　D．由承包人承担，延误工期相应顺延

220．工程师同意采用承包人合理化建议，所发生的费用和获得的收益，发包人承包人另行约定分担或分享。（　　）

A．正确　　　　　　　　　　　　　　B．错误

221．关于《建设工程施工合同（示范文本）》约定的工程变更价款的确定方法，错误的是（　　）。

A．合同中已有适用于变更工程的价格，按合同已有的价格变更合同价款

B．合同中只有类似于变更工程的价格，可以参照类似价格变更合同价款

C．合同中没有适用或类似于变更工程的价格，由承包人提出适当的变更价格，经工程师确认后执行

D．合同中没有适用或类似于变更工程的价格，由发包人提出适当的变更价格，经工程师确认后执行

222．承包人在工程变更确定后（　　）天内，提出变更工程价款的报告，经工程师确认后调整合同价款。

A．56　　B．48　　C．24　　D．14

223．承包人在双方确定变更后 14 天内不向工程师提出变更工程价款报告时，（　　）。
A．仍认可该项合同价款的变更　　B．视为该项变更不涉及合同价款的变更
C．视具体情况而定　　D．以上都不对

224．工程师在收到变更工程价款报告之日起 14 天内予以确认，工程师无正当理由不确认时，自变更工程价款报告送达之日起 14 天后视为变更工程价款报告已被确认。（　　）
A．正确　　B．错误

225．工程师确认增加的工程变更价款作为追加合同价款，在竣工结算时支付；工程师不同意承包人提出的工程价款，按有关争议的约定条款处理。（　　）
A．正确　　B．错误

226．因承包人自身原因导致的工程变更，（　　）。
A．承包人有权要求追加合同价款　　B．承包人有权要求追加部分合同价款
C．承包人无权要求追加合同价款　　D．以上都不对

227．发生下列哪种情况时，不能视为发包人违约？（　　）
A．发包人不按时支付工程预付款
B．发包人不按合同的约定支付工程款导致施工无法进行
C．发包人无正当理由不支付工程竣工结算价款
D．发包人按约定履行合同义务

228．发包人承担违约责任，（　　）。
A．应赔偿其违约给承包人造成的经济损失，延误的工期顺延
B．应赔偿其违约给承包人造成的经济损失，延误的工期不顺延
C．不应赔偿其违约给承包人造成的经济损失，但延误的工期顺延
D．不应赔偿其违约给承包人造成的经济损失，延误的工期也不顺延

229．发生下列哪种情况时，不能视为承包人违约？（　　）
A．因承包人原因不能按照协议书约定的竣工日期竣工
B．因承包人原因工程质量达不到协议书约定的质量标准
C．承包人不履行合同义务
D．发包人无正当理由不支付工程竣工结算价款

230．一方违约后，另一方要求违约方继续履行合同时，（　　）。
A．违约方承担违约责任后，可部分履行合同
B．违约方承担违约责任后，可不继续履行合同
C．违约方承担违约责任后，仍应继续履行合同
D．以上都不对

231．索赔是指在合同履行过程中，对于并非自己的过错，而是应由对方承担责任的情况造成的实际损失，向对方提出经济补偿和工期顺延的要求。（　　）

A．正确　　　　　　　　　　　　B．错误

232．当一方向另一方提出索赔时，要有正当的索赔理由，可不提供有效证据。（　　）
A．正确　　　　　　　　　　　　B．错误

233．承包人应在索赔事件发生后（　　）天内，向工程师发出索赔意向通知。
A．56　　　　B．48　　　　C．28　　　　D．24

234．承包人发出索赔意向通知后 14 天内，向工程师提出延长工期和补偿经济损失的索赔报告及有关资料。（　　）
A．正确　　　　　　　　　　　　B．错误

235．工程师在收到承包人送交的索赔报告和有关资料后 28 天内未予答复或未对承包人作进一步要求，视为该项索赔已经认可。（　　）
A．正确　　　　　　　　　　　　B．错误

236．承包人未能按合同约定履行自己的各项义务或发生错误，给发包人造成经济损失，发包人不能向承包人提出索赔。（　　）
A．正确　　　　　　　　　　　　B．错误

237．发包人、承包人在履行合同时发生争议，可以和解或者要求有关主管部门调解。（　　）
A．正确　　　　　　　　　　　　B．错误

238．仲裁和诉讼这两种争议处理方式，可同时选定。（　　）
A．正确　　　　　　　　　　　　B．错误

239．发生争议后，当（　　），双方应继续履行合同，保护施工的连续性，保护好已完工程。
A．单方违约导致合同已无法履行，双方协议停止施工
B．调解机构要求停止施工，且为双方所接受
C．仲裁机构要求停止施工
D．调解机构要求停止施工

240．发生争议后，当（　　），双方仍应继续履行合同，保护施工的连续性，保护好已完工程。
A．法院要求停止施工
B．仲裁机构要求停止施工
C．调解机构要求停止施工
D．调解机构要求停止施工，且为双方所接受

241．专业分包合同是以（　　）为前提条件。
A．通用条款
B．专用条款
C．协议书

D．发包人与承包人已经签订施工总承包合同

242．下列说法错误的是（　　）。

A．分包人须服从承包人转发的发包人或工程师与分包工程有关的指令

B．未经承包人允许，分包人不得以任何理由与发包人或工程师发生直接工作联系

C．分包人不得直接致函发包人或工程师

D．分包人应直接接受发包人的指令

243．如分包人与发包人或工程师发生直接工作联系，（　　）。

A．不被视为违约　　B．被视为违约，但不承担违约责任

C．被视为违约，并承担违约责任　　D．以上都不对

244．分包人拒不执行指令，承包人（　　）。

A．不能委托其他施工单位完成该项指令

B．可委托其他施工单位完成该项指令，发生的费用承包人承担

C．可委托其他施工单位完成该项指令，发生的费用从应付给分包人的相应款项中扣除

D．以上都不对

245．分包人将其承包的工程转包或再分包，将被视为违约，并承担违约责任。（　　）

A．正确　　B．错误

246．分包人经承包人同意可以将劳务作业再分包给具有相应劳务分包资质的劳务分包企业。（　　）

A．正确　　B．错误

247．分包人应对再分包的劳务作业的质量等相关事宜进行督促和检查，但不承担责任。（　　）

A．正确　　B．错误

248．（　　）不是工程承包人的义务。

A．组建与工程相适应的项目管理班子，全面履行总包合同

B．完成水、电、热、电信等施工管线和施工道路

C．做好施工场地周围建筑物的成品保护工作

D．向劳务分包人提供相应地质和地下管网线路资料

249．（　　）不是工程承包人的义务。

A．向劳务分包人提供相应的水准点与坐标控制点位置

B．负责编制施工组织设计，统一制定各项管理目标

C．向劳务分包人提供相应地质和地下管网线路资料

D．做好施工场地周围建筑物的成品保护工作

250．（　　）不是工程承包人的义务。

A．做好施工场地周围建筑物的成品保护工作

B．负责与发包人、监理联系，协调现场工作
C．负责工程测量定位、组织图纸会审
D．按时提供图纸，及时交付应供材料

251．（　）不是劳务分包人的义务。
A．组织具有相应资格证书的熟练工人投入工作
B．完成水、电、热、电信等施工管线和施工道路
C．严格按照设计图纸、施工验收规范组织施工
D．自觉接受工程承包人及有关部门的管理、监督

252．（　　）不是劳务分包人的义务。
A．按时提交报表、完整的原始技术经济资料
B．做好生活区的管理及自身责任区的治安保卫工作
C．完成水、电、热、电信等施工管线和施工道路
D．自觉接受工程承包人及有关部门的管理、监督

253．（　　）不是劳务分包人的义务。
A．按时提交报表、完整的原始技术经济资料
B．服从工程承包人转发的发包人及工程师指令
C．妥善保管、合理使用工程承包人提供的机具、周转材料及其他设施
D．负责工程测量定位、组织图纸会审

254．劳务分包人应妥善保管、合理使用工程承包人供应的材料、设备。因保管不善发生丢失、损坏，（　　）。
A．劳务分包人无须赔偿
B．劳务分包人应赔偿，并承担因此造成的工期延误等发生的一切经济损失
C．劳务分包人应赔偿，但不承担因此造成的工期延误等发生的经济损失
D．以上都不对

255．工程承包人委托劳务分包人采购低值易耗材料时，应列明名称、规格、数量、质量和其他要求。（　　）
A．正确　　B．错误

256．约定不同工种劳务的计时单价（含管理费），按确认的工程量计算。（　　）
A．正确　　B．错误

257．约定不同工作成果的计件单价（含管理费），按确认的工时计算。（　　）
A．正确　　B．错误

258．采用固定劳务报酬方式的，施工过程中（　　）。
A．计算工时，不计算工程量　　B．不计算工时，计算工程量
C．不计算工时和工程量　　D．以上都不对

259．采用按确定的工时计算劳务报酬的，由劳务分包人每日将提供劳务人数报工程承包人，

由（　　）确认。

A．工程师　　B．发包人　　C．承包人　　D．以上都不对

260．采用按确定的工程量计算劳务报酬的，由劳务分包人按月将完成的工程量报工程承包人，由（　　）确认。

A．工程师　　B．发包人　　C．承包人　　D．以上都不对

261．对劳务分包人未经工程承包人认可超出设计图纸范围和因劳务分包人原因造成返工的工程量，工程承包人不予计量。（　　）

A．正确　　B．错误

262．劳务分包人可将劳务作业转包或再分包给他人，并且不承担任何责任。（　　）

A．正确　　B．错误

263．劳务分包人全部工作完成，经工程承包人认可后（　　）天内，向工程承包人递交完整的结算资料，双方按照合同约定的计价方式，进行劳务报酬的最终支付。

A．5　　B．7　　C．10　　D．14

第六章　施工合同条件、施工合同的签订与管理

1．在约定风险范围时，（　　）不应包括在承包人的风险范围内，价款调整方法应当在专用条款内约定。

A．自然灾害　　B．不可预见性灾害

C．设计变更及施工条件变更　　D．政策性调整

2．在具备施工条件的前提下，发包人应在双方签订合同后一个月内或不迟于约定开工日期前（　　）天内预付工程备料款。

A．10　　B．7　　C．15　　D．20

3．在承发包双方确认计量结果后（　　）天内，发包方应向承包方支付工程进度款，并按约定时间扣回工程预付款。

A．7　　B．14　　C．21　　D．28

4．FIDIC 合同条件规定的“合同有效期”是指从双方签署合同协议书之日起至（　　）止。

A．颁发履约证书日　　B．工程接收证书指明的竣工日

C．颁发工程接收证书日　　D．承包商提交的结算单日生效日

5．工程师在确有必要时可以书面形式要求承包方暂停施工，但工程师应当在提出暂停施工要求后（　　）天内提出书面处理意见。

A．1　　B．2　　C．7　　D．14

6．如果施工单位项目经理由于工作失误导致采购的材料不能按期到货，施工合同没有按期完成，则建设单位可以要求（　　）承担责任。

A．施工单位　　B．监理单位

C．材料供应商　　D．项目经理

7．某施工合同约定由施工单位负责采购材料，合同履行过程中，由于材料供应商违约而没有按期供货，导致施工没有按期完成。此时应当由（　　）违约责任。

A．建设单位直接向材料供应商追究

B．建设单位向施工单位追究责任，施工单位向材料供应商追究

C．建设单位向施工单位追究责任，施工单位向项目经理追究

D．建设单位不追究施工单位的责任，施工单位应向材料供应商追究

8．执行政府定价的合同，如果当事人一方逾期交付货物，遇政府价格上调时，则应按（　　）执行。

A．原价格　　B．新价格

C．原价与新价的平均价格　　D．市场价格

9．某建设工程物资采购合同，采购方向供货方交付定金 4 万元。由于供货方违约，按合同约定计算的违约金为 10 万元，则采购方有权要求供货方支付（　　）万元承担违约责任。

A．4　　B．8　　C．10　　D．14

10．按照诉讼的地域管辖规定，建设工程合同纠纷应由（　　）的人民法院管辖。

A．工程所在地　　B．被告住所地　　C．原告住所地　　D．合同签字地

11．勘察合同示范文本按照委托勘察任务的不同分为（一）、（二）两个版本，分别适用于（　　）的委托任务。

A．岩土工程勘察和水文地质勘察

B．民用建设工程勘察和其他专业工程勘察

C．为设计提供勘察工作和仅限于岩土工程勘察

D．要求简单的勘察和要求复杂的勘察

12．在设计合同中，计算“设计期限”的开始时间是（　　）。

A．合同签订日　　B．设计人收到定金日

C．开始设计日　　D．合同约定的时间

13．设计合同履行过程中，设计审批部门拖延对设计文件审批的损失应由（　　）。

A．发包人承担　　B．设计人承担

C．双方各自承担　　D．设计审批部门承担

14．依据施工合同示范文本规定，因承包人的原因不能按期开工，（　　）后推迟开工日期。

A．需承包人书面通知工程师　　B．应经建设行政主管部门批准

C．应经工程师批准　　D．需承包人书面通知发包人

15．施工中需要使用专利技术及特殊工艺时，按照施工合同示范文本的规定，如果是（　　）。

A．发包人要求使用，由发包人办理相应手续，发包人承担相应费用

B．发包人要求使用，由承包人办理相应手续，发包人承担相应费用

C．承包人提出使用，由发包人办理相应手续，承包人承担相应费用

D．承包人提出使用，由承包人办理相应手续，发包人承担相应费用

16．施工过程中因承包人原因导致工程实际进度滞后于计划进度，承包人按工程师要求采取赶工措施后仍未按合同规定的工期完成施工任务，则此延误的责任应由（　　）承担。

A．工程师　　B．承包人

C．工程师和承包人　　D．发包人

17．依据施工合同示范文本规定，投料试车工作应在工程竣工（　　）。

A．验收后由发包人负责　　B．验收前由发包人负责

C．验收后由工程师负责　　D．验收前由工程师负责

18．由承包人负责采购的材料设备，到货检验时发现与标准要求不符，承包人按工程师要求进行了重新采购，最后达到了标准要求。处理由此发生的费用和延误的工期的正确

方法是（　　）。

A．费用由发包人承担，工期给予顺延　　B．费用由承包人承担，工期不予顺延

C．费用由发包人承担，工期不予顺延　　D．费用由承包人承担，工期给予顺延

19．按照施工合同示范文本规定，承包人的义务包括（　　）。

A．协调处理施工现场周围地下管线保护工作

B．按工程需要提供非夜间施工使用的照明

C．办理临时停电、停水、中断道路申报批准手续

D．组织设计交底

20．建设工程施工劳务分包合同中，工程承包人的义务不包括（　　）。

A．组建与工程相适应的项目管理班子，组织实施施工管理的各项工作

B．统筹安排，协调解决劳务分包人独立使用的生产，生活临时设施，工作用水，用电及使工场地

C．按时提供图纸，及时交付应供应的材料、设备，所提供的施工机械设备、周转材料、安全设施应保证施工需要

D．负责与发包人、监理、设计及有关部门联系，协调现场工作关系

21．建设工程施工劳务分包合同中，工程承包人的义务不包括（　　）。

A．组建与工程相适应的项目管理班子，组织实施施工管理的各项工作

B．统筹安排、协调解决劳务分包人独立使用的生产、生活临时设施，工作用水、用电及施工场地

C．按时提供图纸，及时交付应供应的材料，设备，所提供的施工机械设备、周转材料、安全设施应保证施工需要

D．负责工程测量定位，沉降观测，技术交底，组织图纸会审，统一安排技术档案资料的收集整理及竣工验收

22．建设工程施工劳务分包合同中，工程承包人的义务不包括（　　）。

A．组建与工程相适应的项目管理班子，组织实施施工管理的各项工作

B．统筹安排、协调解决劳务分包人独立使用的生产、生活临时设施，工作用水、用电及施工场地

C．负责与发包人、监理、设计及有关部门联系，协调现场工作关系

D．负责工程测量定位、沉降观测、技术交底，组织图纸会审，统一安排技术档案资料的收集整理及竣工验收

23．建设工程施工劳务分包合同中，工程承包人的义务不包括（　　）。

A．负责与发包人、监理、设计及有关部门联系，协调现场工作关系

B．统筹安排、协调解决劳务分包人独立使用的生产、生活临时设施，工作用水、用电及使工场地

C．按时提供图纸，及时交付应供应的材料、设备，所提供的施工机械设备、周转材料、安全设施应保证施工需要

D．负责工程测量定位、沉降观测、技术交底，组织图纸会审，统一安排技术档案资料的收集整理及竣工验收

24．按照施工合同示范文本规定，当组成施工合同的各文件出现含糊不清或矛盾时，应按（　　）顺序解释。

A．施工合同协议书、工程量清单、中标通知书
B．中标通知书、投标书及附件、合同履行中的变更协议
C．合同履行中的洽商协议、中标通知书、工程量清单
D．施工合同专用条款、施工合同通用条款、中标通知书

25．施工合同文件的优先顺序是（排前者优先）（　　）。

A．施工合同协议书、中标通知书、投标书及其附件、专用条款、通用条款
B．中标通知书、投标书及其附件、施工合同协议书、专用条款、通用条款
C．施工合同协议书、中标通知书、投标书及其附件、通用条款、专用条款
D．中标通知书、投标书及其附件、施工合同协议书、通用条款、专用条款

26．根据《建设工程施工合同（示范文本）》，当组成合同的文件出现矛盾时，应按合同约定的优先顺序进行解释，合同中没有约定的，优先顺序正确的是（　　）。

A．合同协议书、通用条款、专用条款　　B．中标通知书、专用条款、协议书
C．中标通知书、专用条款、投标书　　D．中标通知书、专用条款、工程量清单

27．下列各项中合同解释排列顺序正确的是（　　）。

A．协议书、通用条款、专用条款、工程通知单
B．图纸、专用条款、通用条款、中标通知书
C．工程报价单、专用条款、通用条款、技术规范
D．协议书、投标书、通用条款、专用条款

28．施工合同通用条款规定，当施工合同文件中出现含糊不清或不一致时，下列解释顺序排列正确的是（　　）。

A．专用条款、通用条款、中标通知书、图纸
B．中标通知书、协议书、专用条款、通用条款
C．中标通知书、投标书、协议书、图纸
D．中标通知书、专用条款、通用条款、图纸

29．在签订施工合同时，要同时约定保修条款。防水工程的保修期限应不低于（　　）。

A．1年　　B．2年　　C．5年　　D．工程设计年限

30．工程竣工验收未能通过，经过承包人修正缺陷再次验收检验合格。这种情况下，计算承包人的实际竣工日期应为（　　）日。

A．承包人第一次提交竣工验收报告　　B．承包人修改后再次提请竣工验收
C．最终验收合格　　D．办理竣工验收手续

31．依据施工合同示范文本，当施工过程中发生不可抗力，致使承包人负责采购的设备运

到现场准备安装前造成损失的，该损失应由（　　）承担。

A．发包人　　B．承包人

C．设备供应人　　D．发包人和承包人分别

32．材料采购合同履行过程中，由供货方代运的货物，采购方在站场提货地点与运输部门共同验货。如果交货数量少于订购数量，（　　）。

A．由供货方承担全部责任

B．由运输部门承担全部责任

C．属于交运前的问题由供货方承担责任，运输过程中的问题由运输部门承担责任

D．先由运输部门承担全部责任，然后由运输部门再与供货方协商处理责任

33．供货方供应的袋装水泥，采购方与供货方进行现场交货的数量检验时，应采用（　　）计算交货数量。

A．查点法　　B．理论换算法　　C．衡量法　　D．经验鉴别法

34．依据 FIDIC《施工合同条件》有关动员预付款的规定，下列说法不正确的是（　　）。

A．预付款的金额不少于合同价的 22%

B．要获得动员预付款，承包商应提供履约保函和预付款保函

C．预付款保函金额要大于预付款额

D．自承包商累计获得工程进度款达到合同总价（减去暂列金额）10%的月开始扣回预付款

35．按照 FIDIC《施工合同条件》规定，施工中遇到（　　）影响，属于承包商应承担的风险。

A．不利的气候条件　　B．招标文件未说明的污染

C．不利于施工的外界自然条件　　D．其他承包商的干扰

36．分包工程施工过程中，分包商因执行了工程师的错误指令而返工并造成损失。对此损失（　　）。

A．分包商可直接向工程师递交索赔报告

B．分包商可直接向业主递交索赔报告

C．在承包商接到分包商的索赔报告后，以自己的名义向工程师递交索赔报告

D．在承包商接到分包商的索赔报告后，向工程师转交分包商的索赔报告

37．按照 FIDIC《施工合同条件》规定，如果指定分包商不是因执行承包商的错误指令而出现违约行为时，（　　）。

A．业主可将指定分包商的违约行为视为承包商的违约

B．应由选定指定分包商的工程师和指定分包商共同承担责任

C．应由承包商和指定分包商共同承担责任

D．应由指定分包商直接对业主承担责任

38．按照 FIDIC《施工合同条件》规定，由于工程师的原因使承包商的实际进度滞后于计划进度，承包商遵照工程师的指示对进度计划进行修改，所发生的费用由（　　）。

A．业主额外支付　　B．工程师承担
C．承包商自行承担　　D．业主与承包商协商补偿

39．按照 FIDIC《施工合同条件》规定，因非承包商原因导致不能进行规定的竣工检验，工程师应以（　　）为准签发接收证书。
A．本该进行检验日　　B．缺陷通知期内补充检验通过日
C．工程实际移交日　　D．业主实际使用日

40．工程量不大且能精确计算、工期较短、技术不太复杂、风险不大的项目，最适用于（　　）。
A．总价合同　　B．单价合同
C．成本加酬金合同　　D．总承包合同

41．项目经理的更换，承包人应当至少于更换前（　　）天以书面形式通知发包人。
A．7　　B．10　　C．14　　D．15

42．工程开工前，（　　）应为建设工程及施工现场内第三方人员生命财产办理保险，支付保险费。
A．承包人　　B．发包人
C．承包人与发包人分别　　D．向承包人与发包人均不

43．当一方当事人不履行仲裁裁决时，另一方当事人可以（　　）。
A．向仲裁委员会申请强制执行　　B．再申请仲裁
C．向法院申请强制执行　　D．向法院提请诉讼

44．工程变更超过原设计标准或批准的建设规模时，须经（　　）审批。
A．原设计单位　　B．发包人　　C．工程师　　D．原审批单位

45．在工程施工过程中，由于发包人未能按时提供图纸、供应材料或发包人违约等发包人原因引起暂停施工的情况，承包人有权向发包人提出（　　）或增加费用。
A．延长工期　　B．停工　　C．终止合同

46．在一般情况下，不论何种原因引起的暂停施工，暂停施工期间（　　）应负责妥善保护工程并提供安全保障。
A．承包人　　B．发包人　　C．监理人

47．建设工程设计合同示范文本中，发包人委托的设计任务包括（　　）。
A．项目建议书　　B．技术设计　　C．产品设计

48．发包人采购的建筑材料，按规定通知承包人共同验收，而届时承包人未派人参加，则（　　）。
A．材料不需验收直接交给承包人保管　　B．工程师单独验收
C．发生损坏或丢失由发包人负责

49．施工合同管理涉及的主要参与方不包括（　　）。
A．合同当事人　　B．监理人　　C．发包人

50．发包人的合同义务不包括（　　）。
A．遵守法律　　B．提供施工场地　　C．组织设计交底

51．建设工程合同按承包工程计价方式可分为（　　）。
A．总价合同、单价合同、成本加奖罚合同、有偿合同
B．固定总价合同、纯单价合同、成本加固定金额酬金合同、买卖合同
C．固定总价合同、可调总价合同、单价与包干混合式合同、总承包合同
D．总价合同、单价合同、成本加酬金合同

52．按照承包工程计价方式分类不包括（　　）。
A．总价合同　　B．单价合同
C．成本加酬金合同　　D．预算合同

53．下列不是依据承包工程计价方式的不同而分类的是（　　）。
A．总价合同　　B．单价合同
C．成本加酬金合同　　D．邀请合同

54．下列属于按承包工程计价方式分类的是（　　）。
A．纯单价合同　　B．有偿合同　　C．分包合同

55．下列属于按承包工程计价方式分类的是（　　）。
A．有偿合同　　B．分包合同　　C．总价合同

56．下列属于按承包工程计价方式分类的是（　　）。
A．成本加酬金合同　　B．有偿合同
C．分包合同

57．施工合同按照计价方式的不同可以分为（　　）等。
A．总承包合同　　B．分别承包合同
C．固定价格合同

58．施工合同按照计价方式的不同可以分为（　　）等。
A．总承包合同　　B．分别承包合同
C．成本加酬金合同

59．施工合同按照计价方式的不同可以分为（　　）等。
A．总承包合同　　B．分别承包合同　　C．可调价格合同

60．建设工程总承包合同中对总承包的内容规定一般包括从（　　）到交付使用的工程建设全过程。
A．施工图设计　　B．工程开工　　C．工程合同　　D．勘察设计

61．下列不是合同价款应规定的内容的是（　　）。
A．计算方式　　B．结算方式
C．价款的支付期限　　D．价款支付日期

62. 建设工程总承包合同的履行不包括（　　）。

A．合同应明确双方责任

B．建设工程总承包合同订立后，双方都应按合同的规定严格履行

C．总承包单位可以按合同规定对工程项目进行分包，但不得倒手转包

D．建设工程总承包单位可以将承包工程中的部分工程发包给具有相应资质条件的分包单位，但是除总承包合同中约定的工程分包外，必须经发包人认可

63. 下列不属于工程合同的付款阶段的是（　　）。

A．预付款　　B．工程进度款

C．退还保留金　　D．价格调整条款

64. 下列不属于完善合同条件问题的是（　　）。

A．关于工程交付　　B．工程量及价格单

C．关于合同图纸　　D．关于施工占地

65. 建设工程的建设合同大体上不包括（　　）阶段。

A．勘察　　B．设计　　C．施工　　D．造价

66. BOT 合同又称（　　）。

A．特许权协议书　　B．工程项目总承包合同

C．单位工程施工承包合同　　D．勘察、设计或施工总承包合同

67. 下列不属于《建设工程施工合同（示范文本）》（GF—2013—0201）的是（　　）。

A．《协议书》　　B．《通用条款》

C．《专用条款》　　D．《建设工程质量管理条例》

68.《建设工程施工合同（示范文本）》（GF—2013—0201）的组成包括（　　）等。

A．协议书　　B．结算报告　　C．预算书

69.《建设工程施工合同（示范文本）》（GF—2013—0201）的组成包括（　　）等。

A．结算报告　　B．专用条款　　C．预算书

70.《建设工程施工合同（示范文本）》（GF—2013—0201）的组成包括（　　）等。

A．通用条款　　B．结算报告　　C．预算书

71. 工程分包是针对（　　）而言的。

A．总承包　　B．专业工程分包　　C．劳务作业分包　　D．转包

72. 下列属于《建设工程施工专业分包合同（示范文本）》的内容中“协议书”内容的是（　　）。

A．工程质量标准　　B．工期　　C．工程变更　　D．质量与安全

73. 下列属于《建设工程施工专业分包合同（示范文本）》的内容中“通用条款”内容的是（　　）。

A．保障、保险及担保　　B．合同的生效

C．质量与安全　　D．双方一般权利和义务

74. 下列不属于的内容《建设工程施工专业分包合同（示范文本)》的内容中“专用条款”内容的是（　　）。

A．词语定义及合同文件　　B．分包工程概况

C．竣工验收与结算　　D．工期

75. 下列不属劳动报酬采用的方式的是（　　）。

A．固定劳动报酬（含管理费）　　B．按确认的工时计算

C．按确认的工程量计算　　D．按确认的质量计算

76. 工程承包人确认结算资料后于（　　）天内向劳务分包人支付劳务报酬尾款。

A．13　　B．14　　C．15　　D．16

77. 劳务分包人和工程承包人对劳务报酬结算价款发生争议时，应（　　）。

A．按本合同关于争议的约定处理　　B．按《协议书》处理

C．按《通用条款》处理　　D．按《专用条款》处理

78. 建设工程合同实施控制的作用是（　　）。

A．通过合同实施情况分析，找出偏离，以便及时采取措施，调整合同实施过程，达到合同总目标

B．分析合同执行差异的原因

C．分析合同差异的责任

D．问题的处理

79. 下列不属于合同诊断的内容的是（　　）。

A．技术措施　　B．问题的处理

C．分析合同差异责任　　D．分析合同执行差异的责任

80. 下列不属于国际工程承包合同的实施阶段的内容的是（　　）。

A．合同管理　　B．计划管理　　C．成本管理　　D．工程进度管理

81. 下列属于 FIDIC 合同条件（纠纷的解决）规定的程序的是（　　）。

A．早期预警程序　　B．补偿事件程序　　C．友好协商

82. 国际工程承包合同订立的最主要形式是（　　）。

A．招标　　B．投标　　C．公开招标　　D．邀请招标

83. 国际工程合同包括（　　）。

A．国际工程招标　　B．国际工程承包　　C．国际工程投标　　D．国际工程开标

84. 下列关于施工合同计价方式的说法中，正确的是（　　）。

A．工期在 18 个月以上的合同，因市场价格不易准确预期，宜采用可调价格合同

B．业主在初步设计完成后即招标的，因工程量估算不够准确，宜采用固定总价合同

C．采用新技术的施工项目，因合同双方对施工成本不易准确确定，宜采用固定单价合同

D．设备安装工程因无法估算工程量，宜采用成本加酬金合同

85．下列关于施工进度计划的说法中，错误的是（　　）。

A．承包人应当依据施工组织设计编制施工进度计划

B．工程师无权对承包人提交的施工进度计划提出不同意见

C．工程师对施工进度计划的认可，不能免除承包人对施工组织设计缺陷应负的责任

D．经工程师认可的施工进度计划，将作为工程的施工进度控制的依据

86．根据《建设工程施工合同（示范文本）》（GF—2013—0201），发包人采购的建筑材料运抵施工现场，在由承包人保管前，应经过（　　）共同清点。

A．发包人与工程师　　　　B．工程师与承包人

C．发包人与承包人　　　　D．工程师与供货人

87．根据《建设工程施工合同（示范文本）》（GF—2013—0201），承包人采购的建筑材料，在使用前需要进行试验时，责任的分担为（　　）。

A．发包人负责试验，费用由发包人承担

B．发包人负责试验，费用由承包人承担

C．承包人负责试验，费用由发包人承担

D．承包人负责试验，费用由承包人承担

88．某基础工程施工过程中，承包人未通知工程师检查即自行隐蔽，后又遵照工程师的指示进行剥露检验，经与工程师共同检验，确认该隐蔽工程的施工质量满足合同要求。下列关于处理此事件的说法中，正确的是（　　）。

A．给承包人顺延工期并追加合同价款

B．给承包人顺延工期，但不追加合同价款

C．给承包人追加合同价款，但不顺延工期

D．工期延误和费用损失均由承包人承担

89．某项目分项工程的施工具备隐蔽条件，经工程师检查认可后承包人继续施工，后工程师又发出重新剥露检查的指示，承包人执行了该指示。重新检查表明该分项工程存在质量缺陷，承包人修复后再次隐蔽，下列关于承包人的经济损失和工期延误的责任承担的说法中，正确的是（　　）。

A．工期和经济损失由承包人承担

B．给予经济损失补偿，不顺延合同工期

C．顺延合同工期，不补偿经济损失

D．补偿经济损失并顺延合同工期

90．某基础工程隐蔽前已经工程师验收合格，在主体结构施工时因墙体开裂，对基础重新检验发现部分部位存在施工质量问题，则对重新检验的费用和工期的处理表述正确的是（　　）。

A．费用由工程师承担，工期由承包方承担

B．费用由承包方承担，工期由发包方承担

C．费用由承包方承担，工期由承发包双方协商

D．费用和工期均由承包方承担

91．工程师发现工程存在质量问题，发出了停止施工指示，承包人修复后经工程师检查确认该工程合格，向工程师发出了请求复工的书面要求，经48小时后未收到工程师的任何指示，根据《建设工程施工合同（示范文本）》（GF—2013—0201），承包人此时的应对措施是（　　）。

A．停止施工等待工程师的指示　　B．向工程师再次发出请求复工的要求

C．自行复工　　D．向发包人发出请求复工的要求

92．根据《建设工程施工合同（示范文本）》（GF—2013—0201），由于设计变更需给予承包人追加合同价款时变更价款的支付时间为（　　）之日。

A．工程师发出设计变更通知　　B．承包人完成变更工程

C．承包人提交变更追加合同价款报告　　D．最近一期工程进度款支付

93．发包人采购的设备经过试车表明存在严重质量缺陷，需拆除并重新购置，下列关于该事件责任承担的说法中，正确的是（　　）。

A．发包人负责拆除，重新购置，合同工期相应顺延

B．发包人负责拆除，承包人重新购置，追加合同价款并顺延合同工期

C．承包人负责拆除，发包人重新购置，顺延合同工期但不追加合同价款

D．承包人负责拆除，发包人重新购置，追加合同价款并顺延合同工期

94．承包人订购的建筑材料，通过铁路运抵工程所在地车站后，承包人提货时应与（　　）共同验货。

A．供货商　　B．铁路运输部门

C．监理工程师　　D．供货商和铁路运输部门

95．某材料采购合同中约定了提交数量与订购数量之间的合理磅差，合同履行过程中，供货方交付的材料多于订购数量，且超过了合理磅差界限，当采购方同意接受多付材料时，下列关于货款的说法中，正确的是（　　）。

A．按订购数量加多付数量计算货款

B．按订购数量支付货款，多交付部分不再追加货款

C．按交货数量减去合理磅差时的数量计算货款

D．按交货数量加上合理磅差时的数量计算货款

96．根据 FIDIC《施工合同条件》，施工合同的有效期为自合同订立之日起至（　　）之日止。

A．竣工移交　　B．工程师签发工程接收证书

C．工程师颁发履约证书　　D．结清单生效

97．某施工合同对工程拖期竣工的日拖期赔偿额和最高赔偿金额均作出了约定。合同履行中，发生了承包商分阶段移交工程拖期竣工的情形，根据 FIDIC《施工合同条件》，下列关于计算拖期违约赔偿金额的说法中，正确的是（　　）。

A．日拖期赔偿额和最高赔偿金额均应折减
B．日拖期赔偿额和最高赔偿金额均不折减
C．日拖期赔偿额折减，最高赔偿限额不折减
D．最高赔偿限额折减，日拖期赔偿额不折减

98．根据 FIDIC《施工合同条件》，合同争端裁决委员会的组成人员由（　　）。
A．行业协会指定　　B．仲裁委员会指定
C．业主与承包商协商选定　　D．工程师和承包商协商选定

99．根据 FIDIC《施工合同条件》，业主与承包商划分合同风险的“基准日”为（　　）。
A．发布招标公告之日　　B．承包商提交投标文件之日
C．投标截止日前第 28 天　　D．签订施工合同后第 28 天

100．根据 FIDIC《施工合同条件》，同时在现场施工的两个承包商出现施工干扰时，工程师有权发布调整其中某一承包商原定施工作业顺序的指令，工程师发布该指令的依据是（　　）的规定。
A．施工合同中关于进度控制条款
B．施工合同中关于变更条款
C．工程师与业主订立的服务合同中工程师权力条款
D．工程师与业主订立的服务合同中工程师责任条款

101．根据 FIDIC《施工合同条件》，保留金的性质属于（　　）。
A．合同实施期的暂列金额　　B．承包商部分工程的预付款
C．业主的履约保证金　　D．作为承包商严格履行合同义务的措施

102．根据 FIDIC《施工合同条件》，工程竣工验收不合格且经过修复后重新检验仍未通过的，工程师有权选择处理方法，下列处理方法中错误的是（　　）。
A．指示承包商修复缺陷后再进行检验
B．经业主同意折价接收工程并颁发接收证书
C．建议业主解除施工合同
D．颁发接收证书并延长缺陷通知期的期限

103．根据 FIDIC《土木工程施工分包合同条件》，分包商收到工程师发出的分包工程变更指令后，正确的做法是（　　）。
A．立即执行　　B．变更执行
C．请承包商代表确认后再执行　　D．请业主代表确认后再执行

104．依据 FIDIC《施工合同条件》，工程师颁发的工程接收证书表明（　　）。
A．工程照管责任移交　　B．承包合同的全部义务已完成
C．缺陷通知期开始　　D．可以办理竣工结算

105．某施工合同约定，建筑材料由发包人供应。材料使用前需要进行检验时，检验由（　　）。
A．发包人负责，并承担检验费用　　B．发包人负责，检验费用由承包人承担

C．承包人负责，并承担检验费用　　　　D．承包人负责，检验费用由发包人承担

106．工程师在处理索赔时应注意自己的职责范围，工程师无权决定的情况是（　　）。
A．当工程师与承包人就补偿达不成一致
B．工程师认为必要时，要求承包人提供索赔证据的补充资料
C．批准承包人缩短合同工期
D．将批准的索赔额纳入月进度款中

107．某施工合同履行过程中，承包人发现由于公路管理部门的责任，连接施工场地与国道之间的道路不符合招标文件中说明的条件，则承包人由此增加的费用由（　　）承担。
A．公路管理部门　　　　B．承包人
C．发包人　　　　D．承包人与发包人共同

108．施工合同履行中，发包人另行发包的设备安装工程开始施工，合同中没有规定土建承包人有配合安装的义务。工程师为避免施工的交叉干扰发出暂停部分土建施工指示，导致土建承包人的损失，由（　　）。
A．发包人承担，批准顺延工期　　　　B．发包人承担，不批准顺延工期
C．承包人承担，可以顺延工期　　　　D．承包人承担，工期不可顺延

109．某施工合同约定设备由承包人负责采购，因设备制造原因试车达不到验收要求，则应由（　　）。
A．承包人承担相关费用，工期不予顺延
B．承包人承担相关费用，工期相应顺延
C．设备制造商承担相应费用，工期不予顺延
D．设备制造商承担相应费用，工期相应顺延

110．依据《建设工程施工合同（示范文本）》（GF—2013—0201）规定，因承包人的原因不能按期开工，（　　）后推迟开工日期。
A．需承包人书面通知工程师　　　　B．应经建设行政主管部门批准
C．应经工程师批准　　　　D．需承包人书面通知发包人

111．工程验收是合同履行中的一个重要工作阶段，工程未经竣工验收或竣工验收未通过的，发包人不得使用。发包人强行使用时，由此发生的质量问题及其他问题，由（　　）承担责任。
A．发包人　　B．监理人　　C．设计人　　D．承包人

112．某施工合同履行过程中，因施工需要临时中断道路交通，发包人委托承包人办理申请批准手续。因工程所处路段交通流量大，全天中断交通的要求未获批准，承包人只能在夜间断续施工，则由此造成的承包人损失应由（　　）。
A．发包人赔偿，延误的工期顺延　　　　B．发包人赔偿，延误的工期不予顺延
C．自己承担，延误的工期顺延　　　　D．自己承担，延误的工期不予顺延

113．工程竣工验收未能通过，经过承包人修正缺陷再次验收检验合格。这种情况下，计算

承包人的实际竣工日期应为（ ）日。

A．承包人第一次提交竣工验收报告　　B．承包人修改后再次提请竣工验收

C．最终验收合格　　D．办理竣工验收手续

114．指定分包商是（ ），完成某项特定工作内容的特殊分包商。

A．由建设单位选定，与总包商签订合同

B．由总包商选定，与建设单位签订合同

C．由监理工程师选定，与建设单位签订合同

D．由建设单位选定，与工程师签订合同

115．施工合同的承包人经发包人同意，将专业工程分包给具有相应资质的分包人。根据《合同法》的规定，该行为属于（ ）。

A．债务承担　　B．债权转让

C．债务人向第三人履行债务　　D．由第三人向债权人履行债务

116．某工程使用 FIDIC《施工合同条件》订立合同，约定竣工日为 10 月 20 日。建设单位在 10 月 10 日提前占用工程，工程师于 10 月 13 日颁发了接收证书，承包商于 10 月 30 日完成了竣工检验，则该工程的竣工日为（ ）。

A．10 月 10 日　　B．10 月 13 日　　C．10 月 20 日　　D．10 月 30 日

117．按照 FIDIC《施工合同条件》规定，施工中遇到（ ）不属于业主应承担的风险。

A．不利的外界自然条件　　B．不利的气候条件

C．招标文件未提供的地质条件　　D．图纸未标明的地下障碍物

118．设计合同履行过程中，设计审批部门拖延对设计文件审批造成的损失应由（ ）。

A．发包人承担　　B．设计人承担

C．双方各自承担　　D．设计审批部门承担

119．某施工合同履行过程中，经工程师确认质量合格后已隐蔽的工程，工程师又要求剥露重新检验。重新检验的结果表明质量合格，则下列关于损失承担的表述中，正确的是（ ）。

A．发包人支付发生的全部费用，工期不予顺延

B．发包人支付发生的全部费用，工期给予顺延

C．承包人承担发生的全部费用，工期给予顺延

D．承包人承担发生的全部费用，工期不予顺延

120．某工程项目，发包人将工程主体结构施工和电梯安装分别发包给了甲、乙两个承包人。乙承包人在进行电梯安装时，由于甲承包人不配合，给乙承包人造成了一定的损失，该损失应当由（ ）承担。

A．乙承包人　　B．发包人　　C．甲承包人　　D．工程师

121．某建筑工程，业主投保了建筑工程一切险。工程竣工移交后，在合同约定保险期限内发生地震，造成部分建筑物损坏，业主向保险公司提出索赔，则应由（ ）。

A．保险公司承担全部损失

B．保险公司承担除外责任以外的全部损失

C．业主自行承担全部损失

D．业主和保险公司协商分担损失

122．发包人自收到竣工结算报告及结算资料后 28 天内进行核实，给予确认或提出修改意见。（　　）后，及时办理竣工结算价款的支付手续。

A．施工全部完毕

B．保修期满

C．试车合格

D．竣工验收报告被批准

123．对承包商设备的控制，其目的是（　　）。

A．保证本工程的施工，同时，承包商不能将其中的任何一部分运出施工现场

B．保证本工程的施工，同时，承包商在经工程师同意后，可以将其中的任何一部分运出施工现场

C．不是为了保证本工程施工

D．上面说法均不正确

124．依据 FIDIC《施工合同条件》的规定，如果全部工程只颁发一个接收证书和一个履约证书，则保留金（　　）。

A．在颁发接收证书时全部返还

B．在颁发履约证书时全部返还

C．在颁发接收证书和履约证书时各返还一半

D．不再返还

125．建设工程合同可以从不同角度进行分类，按承包范围和数量划分，可分为（　　）。

A．建设工程承包合同、建设工程委托监理合同和物资采购合同

B．建设工程勘察合同、建设工程设计合同和建设工程施工合同

C．建设工程监理合同、建设工程勘察设计合同和建设工程施工合同

D．建设工程总承包合同、建设工程承包合同和建设工程分包合同

126．按照我国《建筑法》和《合同法》规定，下列关于建设工程合同的表述中错误的是（　　）。

A．建设工程合同可以采用书面形式或口头形式

B．订立建设工程合同时，受要约人是招标人

C．建设工程合同的订立，要经过要约和承诺两个阶段

D．建设工程合同是一种诺成合同，也是一种双务合同

127．我国《建设工程施工合同（示范文本）》（GF—2013—0201）中关于组织设备安装工程无负荷试车的规定的是（　　）。

A．单机试车和联动试车均由发包人组织

B．单机试车由承包人组织，联动试车由发包人组织

C．单机试车和联动试车均由承包人组织

D．单机试车由发包人组织，联动试车由验收委员会组织

128．承发包双方按照《建设工程施工合同（示范文本）》（GF—2013—0201）签订了施工合同，在履行该合同的过程中，工程师发出口头指令，但未及时予以书面确认。承包

人在工程师发出口头指令后的第 3 天提出书面确认要求，但工程师在接到该要求 3 天后仍未答复，则（　　）。

A．承包人应继续等待答复　　B．承包人应再次提出书面确认要求

C．工程师可不予承认该口头指令　　D．该口头指令视为已被确认

129. 施工合同示范文本的通用条件规定，（　　），承包人不得将承包工程的任何部分分包。

A．未提交分包人资质　　B．未经发包人同意

C．分包人未与发包人签订合同　　D．未经招标

130．参与工程竣工验收的各方不能形成一致意见时，应（　　），待意见统一后，重新组织工程竣工验收。

A．由总监理工程师协调参与竣工验收各方

B．报当地建设行政主管部门或监督机构进行协调

C．由承包人进行协调

D．由发包人进行协调

131．FIDIC《施工合同条件》规定，业主发出中标函的（　　）天内，接到承包商提交的履约保证后，双方签署的法律性标准化格式文件就是合同协议书。

A．14　　B．24　　C．28　　D．42

132．FIDIC《施工合同条件》规定，业主支付预付款是为了帮助承包商解决（　　）时的资金短缺，从未来的工程款中提前支付的一笔款项。

A．施工前期开展工作　　B．施工中开展工作

C．接通水、电线路　　D．施工场地平整

133．施工企业的项目经理指挥失误，给建设单位造成损失的，建设单位应当要求（　　）赔偿。

A．施工企业　　B．施工企业的法定代表人

C．施工企业的项目经理　　D．具体的施工人员

134．合同争议的解决顺序为（　　）。

A．和解、调解、仲裁、诉讼　　B．调解、和解、仲裁、诉讼

C．和解、调解、诉讼、仲裁　　D．调解、和解、诉讼、仲裁

135．根据专用条款约定的内容和时间，不属于发包人的工作范畴的是（　　）。

A．办理土地征用，拆迁补偿、平整施工场地等工作，使施工场地具备施工条件，并在开工后继续解决以上事项的遗留问题

B．向承包人提供施工场地的工程地质和地下管线资料，保证数据真实，位置准确

C．提供年、季、月工程进度计划及相应进度统计报表

D．确定水准点与坐标控制点，以书面形式交给承包人，并进行现场交验

136.《建设工程施工合同（示范文本）》（GF—2013—0201）中，不属于发包人的义务的是（　　）。

A．负责土地征用、拆迁补偿、平整施工场地等工作，使施工场地具备施工条件，并在开工后继续解决以上事项的遗留问题

B．将施工所需水、电、电讯线路从施工场地外部接至专用条款约定地点，并保证施工期间的需要

C．开通施工现场与城乡公共道路的通道以及专用条款约定的施工现场内的主要交通干道，满足施工运输的需要，保证施工期间的道路畅通

D．向工程师提供年、季、月工程进度计划及相应统计报表

137.《建设工程施工合同（示范文本）》（GF—2013—0201）中，不属于发包人的义务的是（　　）。

A．负责土地征用、拆迁补偿、平整施工场地等工作，使施工场地具备施工条件，并在开工后继续解决以上事项的遗留问题

B．将施工所需水、电、电讯线路从施工场地外部接至专用条款约定地点，并保证施工期间的需要

C．开通施工现场与城乡公共道路的通道以及专用条款约定的施工现场内的主要交通干道，满足施工运输的需要，保证施工期间的道路畅通

D．按工程需要提供和维修非夜间施工使用的照明、围栏设施，并负责安全保卫

138. 设计人的设计工作进展不到委托设计任务的一半时，发包人由于项目建设资金的筹措发生问题而决定停建该项目，单方发出解除合同的通知。按照设计范本的规定，设计人应（　　）。

A．没收全部定金补偿损失

B．要求发包人支付双倍的定金

C．要求发包人补偿实际发生的损失

D．要求发包人付给合同约定设计费用的 50%

139. 施工合同的合同工期是判定承包人提前或延误竣工的标准。订立合同时约定的合同工期概念应为，从（　　）的日历天数计算。

A．合同签字日起按投标文件中承诺

B．合同签字日起按招标文件中要求

C．合同约定的开工日起按投标文件中承诺

D．合同约定的开工日起按招标文件中要求

140. 工程师要求的暂停施工的赔偿与责任的说法错误的是（　　）

A．停工责任在发包人，由发包人承担所发生的追加合同价款，赔偿承包商由此造成的损失，相应顺延工期

B．停工责任在承包人，由承包人承担发生的费用，相应顺延工期

C．停工责任在承包人，因为工程师不及时做出答复，导致承包人无法复工，由发包人承担违约责任

D．停工责任在承包人，由承包人承担发生的费用，工期不予顺延

141. 材料采购在交货清点数量时发现，交货数量少于订购的数量，但数量的短少在合同约定的允许磅差范围内，采购方应（　　）。

A. 拒付货款并索赔　　B. 按照订购数量及时付款

C. 按照实际交货数量及时付款　　D. 待供货方补足数量后再付

142. FIDIC《施工合同条件》的“缺陷通知期”是指（　　）。

A. 工程保修期

B. 承包商的施工期

C. 工程师在施工过程中发出改正质量缺陷通知的时限

D. 工程师在施工过程中对承包商改正缺陷限定的时间

143. FIDIC《施工合同条件》的“缺陷通知期”是指（　　）。

A. 工程保修期　　B. 工程施工期　　C. 工程装修期　　D. 工程停工期

144. 设备安装工程具有联动无负荷试车条件的，应由（　　）组织试车。

A. 建设单位　　B. 设计单位　　C. 施工单位　　D. 设备供应单位

145. 业主在（　　）合同中承担的风险最小。

A. 可调总价　　B. 不可调总价　　C. 单价　　D. 成本加酬金

146. 下列各项中，（　　）不属于工程建设施工招标应具备的前提条件。

A. 建设用地征用完毕，施工图纸完成

B. 概算已经批准，建设项目已正式列入计划

C. 招标文件已经编制好

D. 建设资金、建材、设备来源已经落实

147. 施工合同中，承包人按照工程师提出的施工进度计划修改建议进行了修改，由于修改后的计划不合理而导致的窝工损失应当由（　　）承担。

A. 发包人　　B. 承包人

C. 工程师　　D. 发包人与承包人共同

148. FIDIC《施工合同条件》规定，从（　　）之日止的持续时间为缺陷通知期，承包商负有修复质量缺陷的义务。

A. 开工日起至颁布发接收证书

B. 开工令要求的开工日起至颁布发接收证书中指明的竣工

C. 颁发接收证书日起至颁发履约证书

D. 接收证书中指明的竣工日起至颁发履约证书

149. 在工程施工中由于（　　）原因导致的工期延误，承包方应当承担违约责任。

A. 不可抗力　　B. 承包方的设备损坏

C. 设计变更　　D. 工程量变化

150. 委托任务并负责支付报酬的一方称（　　）。

A．承包人　　B．发包人　　C．出资人　　D．出工人

151．合同价款可以有多种约定方式，其不包括（　　）。
A．固定价格合同　　B．可调整价格合同
C．固定价格加酬金合同　　D．成本加酬金合同

152．在进度控制中，（　　）不属工程师的任务。
A．督促承包人完成工程扫尾工作　　B．向有关部门递交竣工申请
C．协调竣工验收中的各方关系　　D．参加竣工验收

153．关于工程分包的说法错误的是（　　）
A．工程分包是违法的
B．工程分包是从工程承包人承担的工程中承包部分工程的行为
C．工程分包是允许的
D．非发包人同意，承包人不得将承包工程的任何部分分包

154．当事人采用合同书形式订立的，自（　　）合同成立。
A．双方当事人制作合同书时　　B．双方当事人表示受合同的约束时
C．双方当事人签字或盖章时　　D．双方当事人达成一致意见时

155．合同双方约定的合同工期的说法，正确的一项是（　　）。
A．包括开工日期
B．包括竣工日期
C．包括合同工期的总日历天数
D．合同工期是按总日历天数计算的，不包括法定节假日在内的承包天数

156．如果投标截止日期前第 28 天后，由于法律、法令和决策变化引起承包商实际投入成本的增加，应由（　　）给予补偿。
A．业主　　B．承包商　　C．工程师　　D．特殊分包商

157．承包人仅提供劳务而不承担供应任何材料的义务，此种承包方式称为（　　）。
A．包工不包料　　B．统包　　C．包工部分包料　　D．包工包料

158．承包人只负责提供施工所需的全部人工和一部分材料，其余部分则由建设单位或总包单位负责供应，此种承包方式称为（　　）
A．包工包料　　B．包工部分包料　　C．包工不包料　　D．包清工

159．工程实际进度与进度计划不符时，承包人应当按照工程师的要求提出改进措施（　　）。
A．需经工程师确认后才能执行
B．因承包人自身原因造成的，工程师只对改进措施的效果负责
C．采用改进措施后，必须顺延工期
D．改进措施后，进度仍然不符的，工程师可以要求承包人修改进度计划，并经工程师确认，这种确认是工程师对工程延期的批准

160．工程实际进度与进度计划不符时，承包人应当按照工程师的要求提出改进措施（　　）。
A．因承包人自身原因造成的，工程师只对改进措施的效果负责
B．因承包人自身的原因造成工程实际进度与经确认的进度计划不符的，所有后果都由承包商自行承担
C．采用改进措施后，必须顺延工期
D．改进措施后，进度仍然不符的，工程师可以要求承包人修改进度计划，并经工程师确认，这种确认是工程师对工程延期的批准

161．施工合同文件中的说法中，错误的是（　　）。
A．当合同文件中出现不一致时，必须重新制定合同条款
B．在不违反法律和行政法规的前提下，当事人可以通过协商变更施工合同的内容
C．签署在后的协议或文件效力高于签署在先的协议或文件
D．当合同文件出现含糊不清或者当事人有不同理解时，应按照合同争议的解决方式处理

162．施工合同文件中的说法中，错误的是（　　）。
A．签署在后的协议或文件效力高于签署在先的协议或文件
B．在不违反法律和行政法规的前提下，当事人可以通过协商变更施工合同的内容
C．变更的协议或文件，效力与其他合同文件等同
D．当合同文件出现含糊不清或者当事人有不同理解时，应按照合同争议的解决方式处理

163．按照《施工合同文本》规定，在施工中由于（　　）造成工期延误，经发包人代表确认，竣工日期可以顺延。
A．承包人未能及时调配施工机械　　　　B．发生不可抗力
C．雨季天数增多

164．按照《施工合同文本》规定，在施工中由于（　　）造成工期延误，经发包人代表确认，竣工日期可以顺延。
A．承包人未能及时调配施工机械
B．雨季天数增多
C．一周内非承包人原因停电、停水、停气等造成停工累计超过 8 小时

165．按照《施工合同文本》规定，在施工中由于（　　）造成工期延误，经发包人代表确认，竣工日期可以顺延。
A．承包人未能及时调配施工机械　　　　B．雨季天数增多
C．工程量变化和设计变更

166．对于发包人供应的材料设备，（　　）工作不应当由发包人承担。
A．到货后，通知清点　　　　B．参加清点
C．清点后负责保管　　　　D．支付保管费用

167．对于发包人供应的材料设备，（　　）工作不应当由发包人承担。

A．到货后，通知清点
B．参加清点
C．清点后负责保管
D．如果质量与约定不符，运出施工场地并重新采购

168．对于发包人供应的材料设备，（　　）工作不应当由发包人承担。
A．到货后，通知清点
B．支付保管费用
C．清点后负责保管
D．如果质量与约定不符，运出施工场地并重新采购

169．对于发包人供应的材料设备，（　　）工作不应当由发包人承担。
A．参加清点
B．支付保管费用
C．清点后负责保管
D．如果质量与约定不符，运出施工场地并重新采购

170．《建设工程施工合同（示范文本）》（GF—2013—0201）的当事人包括（　　）。
A．建设行政主管部门　　B．建设单位
C．监理单位　　D．材料供应商

171．《建设工程施工合同（示范文本）》（GF—2013—0201）的当事人包括（　　）。
A．建设行政主管部门　　B．监理单位
C．施工单位　　D．材料供应商

172．《施工合同文本》规定，对于在施工中发生不可抗力，（　　）发生的费用由承包人承担。
A．工程本身的损害
B．发包人人员伤亡
C．造成承包人设备、机械的损坏及停工
D．所需清理修复工作

173．《施工合同文本》规定，对于在施工中发生不可抗力，（　　）发生的费用由承包人承担。
A．工程本身的损害　　B．发包人人员伤亡
C．承包人人员伤亡　　D．所需清理修复工作

174．在竣工验收和竣工结算中，承包人应当（　　）。
A．申请验收　　B．组织验收　　C．提出修改意见

175．在竣工验收和竣工结算中，承包人应当（　　）。
A．移交工程　　B．组织验收　　C．提出修改意见

176．在竣工验收和竣工结算中，承包人应当（　　）。

A．递交竣工结算报告　　B．组织验收
C．提出修改意见

177．施工合同文件中的说法中，不正确的是（　　）。
A．当合同文件中出现不一致时，必须重新制定合同条款
B．在不违反法律和行政法规的前提下，当事人可以通过协商变更施工合同的内容
C．签署在后的协议或文件效力高于签署在先的协议或文件
D．当合同文件出现含糊不清或者当事人有不同理解时，应按照合同争议的解决方式处理

178．施工合同文件中的说法中，不正确的是（　　）。
A．变更的协议或文件，效力与其他合同文件等同
B．在不违反法律和行政法规的前提下，当事人可以通过协商变更施工合同的内容
C．签署在后的协议或文件效力高于签署在先的协议或文件
D．当合同文件出现含糊不清或者当事人有不同理解时，应按照合同争议的解决方式处理

179．《建设工程施工合同（示范文本）》（GF—2013—0201）由《协议书》、《通用条款》、《专用条款》三部分组成，并附有三个附件。（　　）
A．正确　　B．错误

180．供货方到现场的交货日期，以采购方接收货物时在货单上签收的日期为准。（　　）
A．正确　　B．错误

181．FIDIC《施工合同条件》中规定的合同有效期，是指从工程师按合同约定发布的“开工令”中指明的应开工之日起，至工程接收证书注明的竣工日止的日历天数。（　　）
A．正确　　B．错误

182．FIDIC《合同条件》规定，监理工程师有权批准工程分包。（　　）
A．正确　　B．错误

183．FIDIC《合同条件》规定，诉讼是解决合同争议的最终方式。（　　）
A．正确　　B．错误

184．建设工程合同是双务、有偿、实践、要式的合同。（　　）
A．正确　　B．错误

185．《建设工程施工合同（示范文本）》（GF—2013—0201）由《协议书》、《通用条款》、《专用条款》三部分组成，并附有两个附件。（　　）
A．正确　　B．错误

186．工程师可以以口头方式通知承包人推迟开工日期。（　　）
A．正确　　B．错误

187．FIDIC《施工合同》规定以投标截止日期前第28天定义为“基准日”作为业主与承包

商划分合同风险的时间点。（　　）

A．正确　　B．错误

188．根据我国《施工合同文本》规定，对于具体工程的一些特殊问题，可通过（　　）约定承发包双方的权利和义务。

A．通用条款　　B．专用条款　　C．监理合同　　D．协议书

189．（　　）承包方式的基本做法是按工程实际发生的直接成本（直接费），加上商定的企业管理费（间接费）、利润和税金来确定工程总造价。它主要适用于签约时对工程的情况和内容尚不清楚、工程量不详（如采用设计—施工连贯式的承包方式，签约时尚无施工图纸及详细设计文件）的情形，如紧急工程、抢险救灾工程、国防工程等。

A．固定总价合同　　B．计量估价合同

C．单价合同　　D．成本加酬金合同

190．工程施工任务必须发包给持有（　　）的施工企业。

A．营业执照　　B．施工组织设计

C．投标文件　　D．招标文件

191．工程施工任务必须发包给持有（　　）的施工企业。

A．施工组织设计　　B．相应资质等级证书

C．投标文件　　D．招标文件

192．在施工安装阶段承包中，还可依承包内容的不同细化为（　　）方式。

A．包工不包料　　B．建造—经营—转让承包

C．建设全过程承包

193．在施工安装阶段承包中，还可依承包内容的不同细化为（　　）方式。

A．包工包料　　B．建造—经营—转让承包

C．建设全过程承包

194．在施工安装阶段承包中，还可依承包内容的不同细化为（　　）方式。

A．包工部分包料　　B．建造—经营—转让承包

C．建设全过程承包

195．（　　）是指当事人一方依法将其合同权利和义务的部分或者全部转让给第三人的法律行为。

A．合同的变更　　B．合同的订立　　C．合同的终止　　D．合同的转让

196．（　　）是指合同当事人之间的债权债务关系归于消灭而不复存在。

A．合同的变更　　B．合同的订立　　C．合同的终止　　D．合同的转让

197．建设项目总承包招投标，实际上就是（　　）。

A．按照合同有关条款　　B．项目全过程招投标

C．勘查设计招投标　　D．材料、设备供应招投标

198.（　　）就是按商定的总价承包工程项目。它的特点是以施工图纸及工程说明书为依据，明确承包内容和计算包价，并一次包死。在执行过程中，除非发包人要求变更原定的承包内容，承包人一般不得要求变更承包价。

A．计量估价合同　　B．固定总价合同

C．单价合同　　D．成本加固定百分比

199．建设单位在（　　）合同中承担了项目的全部风险。

A．成本加酬金　　B．单价　　C．总价可调　　D．总价不可调

200．施工合同订立不需要具备的条件是（　　）。

A．竣工结算文件已编制完成

B．工程项目已经列入年度建设计划

C．有能够满足施工需要的设计文件和有关技术资料

D．建设资金和主要建筑材料设备来源已经落实

201．施工合同订立不需要具备的条件是（　　）。

A．竣工结算文件已编制完成

B．工程项目已经列入年度建设计划

C．有能够满足施工需要的设计文件和有关技术资料

D．招标工程中标通知书已经下达

202．施工合同订立不需要具备的条件是（　　）。

A．竣工结算文件已编制完成

B．工程项目已经列入年度建设计划

C．招标工程中标通知书已经下达

D．建设资金和主要建筑材料设备来源已经落实

203．施工合同订立不需要具备的条件是（　　）。

A．竣工结算文件已编制完成

B．招标工程中标通知书已经下达

C．有能够满足施工需要的设计文件和有关技术资料

D．建设资金和主要建筑材料设备来源已经落实

204．合同的履行应遵循诚实信用原则全面履行约定的义务。如果当事人只履行合同约定的部分义务，则属于部分履行或不完全履行。如果当事人完全没有履行合同约定的义务，则属于合同未履行或不履行合同。当事人在遵循诚实信用原则履行合同的过程中应尽的基本义务有（　　）。

A．通知　　B．债务的免除　　C．债务的丢失

205．合同的履行应遵循诚实信用原则，全面履行约定的义务。如果当事人只履行合同约定的部分义务，则属于部分履行或不完全履行。如果当事人完全没有履行合同约定的义务，则属于合同未履行或不履行合同。当事人在遵循诚实信用原则履行合同的过程中

应尽的基本义务有（　　）。

A．协助　　B．债务的免除　　C．债务的丢失

206．合同的履行应遵循诚实信用原则全面履行约定的义务。如果当事人只履行合同约定的部分义务，则属于部分履行或不完全履行。如果当事人完全没有履行合同约定的义务，则属于合同未履行或不履行合同。当事人在遵循诚实信用原则履行合同的过程中应尽的基本义务有（　　）。

A．保密　　B．债务的免除　　C．债务的丢失

207．“三通，一平”不包括（　　）。

A．通信通　　B．施工场地路通　　C．给排水通　　D．电通

208．“三通，一平”不包括（　　）。

A．施工场地平　　B．通信通　　C．给排水通　　D．电通

209．“三通，一平”不包括（　　）。

A．施工场地平　　B．施工场地路通　　C．通信通　　D．电通

210．“三通，一平”不包括（　　）。

A．施工场地平　　B．施工场地路通　　C．给排水通　　D．通信通

211．一个建设项目建设全过程或其中某个阶段的全部工作，由一个承包单位负责组织实施。这个承包单位可以将若干专业性工作交给不同的专业承包单位去完成，并统一协调和监督它们的工作。在一般情况下，建设单位（业主）仅与这个承包单位发生直接关系，而不与各专业承包单位发生直接关系。该承包方称为（　　）。

A．分承包　　B．总承包　　C．阶段承包　　D．专项承包

212．当工程内容明确，工期较短时，发包人宜采用（　　）合同。

A．总价可调　　B．总价不可调　　C．单价　　D．成本加酬金

213．合同依据的计价方式不同主要有总价，单价和成本加酬金合同，承发包双方在谈判中根据（　　）的特点加以确定。

A．工程项目　　B．合同　　C．发包方　　D．承包方

214．建设工程合同按承发包方式可分为（　　）。

A．勘察、设计或施工总承包合同，单位工程施工承包合同，工程项目总承包合同，固定总价合同

B．工程项目总承包合同，勘察、设计或施工总承包合同，单位工程施工承包合同

C．勘察、设计或施工总承包合同，土木工程施工合同，电气与机械工程承包合同，成本加酬金合同

D．勘察、设计或施工总承包合同，单位工程施工承包合同，工程项目总承包合同

215．下列属于按承发包方式分类的建设工程合同有（　　）。

A．勘察、设计或施工总承包合同　　B．单价与包干混合式合同

C．总价合同

216．下列属于按承发包方式分类的建设工程合同有（　　）。

A．BOT合同　　B．单价与包干混合式合同

C．总价合同

217．下列属于按承发包方式分类的建设工程合同有（　　）。

A．单位工程施工承包合同　　B．单价与包干混合式合同

C．总价合同

218．建设工程总承包合同中工程质量检验的重点是（　　）。

A．设计审查　　B．材料检验　　C．工艺检验　　D．竣工验收

219．专业承包序列企业资质类别共（　　）个。

A．50　　B．55　　C．60　　D．70

220．专业承包序列企业资质设（　　）等级。

A．1～2　　B．1～3　　C．3～4　　D．4

221．劳务分包序列企业资质设（　　）等级。

A．1～2　　B．1～3　　C．3～4　　D．4

222．劳务分包序列企业资质类别共（　　）个。

A．10　　B．11　　C．12　　D．13

223．建设工程劳务分包合同中，劳务分包人应按（　　）统一规划堆放材料，机具。

A．发包人　　B．工程师　　C．设计方　　D．工程承包人

224．建设工程劳务合同中，一方违约后，另一方要求违约方继续履行合同时，违约方（　　）。

A．承担违约责任后，可拒绝继续履行　　B．继续履行，但不承担违约责任

C．承担违约责任后，仍应继续履行　　D．不承担违约责任，也不继续履行

225．保留金的总额一般应限制在合同总价款的（　　）。

A．2%　　B．5%　　C．10%　　D．15%

226．世界银行贷款项目招标文件范本《土建工程国内竞争性文件》规定，预付款保函在（　　）之前保持有效。

A．工程移交日　　B．缺陷责任期满日

C．工程完成一半　　D．预付款全部扣回

227．在合同实施中，如果工程变更（　　），则可向发包人提出工程变更的补偿要求。

A．属于承包人应承担的风险范围　　B．超过承包人应承担的风险范围

C．超过承包人可承担的风险范围　　D．属于承包人可承担的风险范围

228．以下属于合同诊断内容的是（　　）。

A．拖欠工程款的合同责任　　B．分析合同差异责任
C．索赔程序　　D．合同跟踪

229．FIDIC 系列合同中用于由发包人或由咨询工程师设计的房屋建筑工程的合同条件是（　　）。
A．施工合同条件　　B．永久设备和设计—制造合同条件
C．EPC 交钥匙项目合同条件　　D．合同的简明格式

230．合同谈判阶段结束，此时（　　）应及时准备和递交履约保函，准备正式签署承包合同。
A．承包人　　B．发包人
C．承包人和发包人　　D．担保人

231．下列不属于建设工程保险合同当事人的是（　　）。
A．承包人　　B．发包人　　C．保险公司　　D．投资公司

232．发包人应在施工总承包合同协议书中向承包人承诺（　　）。
A．办理有关批准与手续
B．交付施工现场
C．按合同约定的期限和方式支付合同价款
D．及时批准承包人提出的有关变更

233．建设工程施工劳务合同中，工程承包人应获得由发包人为施工场地内的自有人员及第三方人员生命财产办理的保险，劳务分包人（　　）支付保险费用。
A．需自行　　B．无需为此　　C．部分　　D．按合同约定

234．FIDIC《土木工程施工合同条件》规定，承包人向发包人提交履约保函的费用由（　　）承担。
A．承包人　　B．发包人
C．承包人与发包人　　D．工程师

235．合同分析后，应由合同管理人员向各层次管理者和企业相关部门人员作（　　），把合同责任具体地落实到各责任人和合同实施的具体工作上。
A．合同交底　　B．合同诊断　　C．合同解释　　D．合同说明

236．物资采购管理是国际工程承包中一项重要的管理工作，是实施工程管理并取得（　　）的重要手段。
A．利润　　B．建筑材料　　C．建筑设备　　D．施工设施

237．广泛运用国际工程承包合同纠纷解决的是（　　）。
A．协商　　B．调解　　C．仲裁　　D．诉讼

238．下列关于制定 FIDIC 专用条件需要考虑的因素表述正确的是（　　）。
A．项目所在国法律法规不同，项目规模和发包人要求不同

B．项目所在国法律法规不同，项目特点和发包人要求不同
C．项目所在国法律法规不同，项目类型和发包人要求不同
D．项目所在国法律不同，项目规模个发包人要求不同

239．建设工程合同按工程建设阶段可分为（　　）。
A．勘察合同、设计合同、施工合同
B．勘察合同、设计合同、施工总承包合同
C．项目可行性研究合同、勘察合同、设计合同、施工合同
D．勘察合同、设计合同、施工合同、实施性合同

240．下列属于按工程建设阶段分类的建设工程合同有（　　）。
A．可行性研究协议　　B．勘察合同
C．工程项目总承包合同

241．下列属于按工程建设阶段分类的建设工程合同有（　　）。
A．可行性研究协议　　B．施工合同
C．工程项目总承包合同

242．下列属于按工程建设阶段分类的建设工程合同有（　　）。
A．可行性研究协议　　B．设计合同
C．工程项目总承包合同

243．建设工程合同包括（　　）。
A．建设工程委托监理合同　　B．建设工程施工合同
C．建设工程物资采购合同

244．建设工程合同包括（　　）。
A．建设工程委托监理合同　　B．建设工程物资采购合同
C．建设工程设计合同

245．建设工程合同包括（　　）。
A．建设工程委托监理合同　　B．建设工程物资采购合同
C．建设工程勘察合同

246．工程分包包括（　　）。
A．转包　　B．挂靠　　C．劳务作业分包　　D．指定分包

247．工程分包包括（　　）。
A．转包　　B．专业工程分包　　C．挂靠　　D．指定分包

248．建设工程施工劳务分包合同中，发生（　　）情况时，劳务分包人应承担违约责任。
A．由于工程承包人原因、造成劳务分包人延期交工的
B．劳务分包人施工质量不符合本合同约定的质量标准，但能够达到国家规定的最低标准

C．工程承包人不履行或不按约定履行合同的义务
D．工程承包人违反合同约定，不按时向劳务分包人支付劳务报酬

249．建设工程施工劳务分包合同中，发生（　　）情况时，劳务分包人应承担违约责任。
A．由于工程承包人原因、造成劳务分包人延期交工的
B．劳务分包人因自身原因延期交工的
C．工程承包人不履行或不按约定履行合同的义务的
D．工程承包人违反合同约定，不按时向劳务分包人支付劳务报酬的

250．合同控制的依据有（　　）。
A．合同和合同分析的结果，如各种计划、方案、洽商变更文件等
B．项目招标文件
C．工程管理规划大纲

251．合同控制的依据有（　　）。
A．项目招标文件
B．工程管理规划大纲
C．工程管理人员每天对现场情况的书面记录

252．合同控制的依据有（　　）。
A．项目招标文件
B．工程管理规划大纲
C．各种实际的工程文件，如原始记录、工程报表、报告、验收结果、计量结果等

253．FIDIC 合同条件规定的纠纷解决程序不包括（　　）。
A．记录纠纷　　B．工程师准裁决　　C．友好协商　　D．调解

254．FIDIC 合同条件规定的纠纷解决程序不包括（　　）。
A．记录纠纷　　B．工程师准裁决　　C．正式仲裁　　D．调解

255．FIDIC 合同条件规定的纠纷解决程序不包括（　　）。
A．记录纠纷　　B．正式仲裁　　C．友好协商　　D．调解

256．FIDIC 合同条件规定的纠纷解决程序不包括（　　）。
A．正式仲裁　　B．工程师准裁决　　C．友好协商　　D．调解

257．建设工程合同的订立一般情况下应采取（　　）方式。
A．招标　　B．投标　　C．招标投标　　D．协议

258．对于一般的单价合同，如发包人在原招标文件中未明确工程量变更部分的限度，则谈判时应要求（　　）确定一个“增减量幅度”，当超过该幅度时，可对工程单价调整。
A．发包人　　B．承包人
C．发包人与承包人共同　　D．造价管理部门

259．可以说（　　）共同确定了工程承包合同的实际价格。

A．价格调整和合同单价（对于“单价合同”）
B．价格调整和合同总价
C．合同单价（对于“单价合同”和合同总价）
D．价格调整和合同单价（对于“单价合同”）及合同总价

260．在合同谈判阶段双方谈判的结果要形成书面文件，这一文件一般（　　）起草。
A．由承包人　　　　B．由发包人或其监理工程师
C．只能是发包人　　D．只能是监理工程师

261．合同谈判的主要内容不包括（　　）。
A．合同的形式
B．合同的标准
C．技术要求、技术规范和施工技术方案
D．关于合同价格条款

262．建设工程合同文件的构成包括（　　）。
A．合同协议书　　B．工程量及价格单
C．合同条件　　D．招标人须知

263．建设工程的建设过程大体上经过（　　）。
A．勘察、设计、施工三个阶段
B．项目建议、可行性研究、勘察、设计、施工五个阶段
C．可行性研究、勘察、初步设计、技术设计、施工图设计、施工六个阶段
D．可行性研究、勘察、设计，施工四个阶段

264．由承包人进行并负责工程设计的合同属于（　　）。
A．施工总承包合同　　B．工程分包合同
C．劳务分包合同　　D．建设工程总承包合同

265．工程项目总承包合同是指建设单位将包括（　　）等一系列工作全部发包给一家承包单位。
A．施工、材料和设备采购　　B．工程设计、施工
C．建筑安装、物资采购　　D．工程设计、施工、材料和设备采购

266．工程项目总承包合同签订后，（　　）可以订立分包合同。
A．发包人与分包人　　B．发包人与总承包人
C．总承包人与分包人　　D．分包人与总承包人和发包人

267．总承包人与分包人订立合同，就工作成果（　　）。
A．分包人只对总承包人承担责任
B．分包人只对发包人承担责任
C．只能是总承包人对发包人承担责任
D．总承包人与分包人对发包人承担连带责任

268．BOT 承包模式是指由政府或政府授权的机构授予承包人在一定的期限内以自筹资金建设项目并（　　），期满后，将项目全部无偿移交东道国政府的工程承包模式。

A．自费经营，向东道国出售项目产品，收取价款

B．自费经营，向东道国出售服务，收取酬金

C．自费经营和维护，出售的产品或服务，与东道国按比例收取价款或酬金

D．自费经营和维护，向东道国出售项目产品或服务，收取价款或酬金

269．建设监理合同是指（　　）签订，为了委托监理人承包监理业务而明确双方权利义务关系的协议。

A．发包人与监理人　　B．承包人与监理人

C．政府相关部门与发包人　　D．发包人与承包人

270．建设工程物资采购合同的标的是（　　）。

A．工程　　B．物　　C．权利　　D．财

271．建设工程担保合同是指（　　）签订为了保证建设工程合同全面、正确履行而明确双方权利义务关系的协议。

A．义务人（发包人或承包人）和第三人与权利人（承包人或发包人）

B．义务人（发包人或承包人）或第三人与权利人（承包人或发包人）

C．义务人（发包人或承包人）与第三人与权利人（承包人或发包人）

D．义务人（发包人或承包人）或第三人与权利人（承包人或发包人）和监理人

272．单位工程施工承包合同常见于（　　）。

A．小型工业建筑安装工程　　B．分部工程

C．大型工业建筑安装工程　　D．土石方工程

273．单位工程施工承包合同常见于（　　）。

A．小型工业建筑安装工程　　B．分部工程

C．土石方工程　　D．大型，复杂的技术工程

274．承包方按照有关规定不可以将（　　）进行分包。

A．承包的全部工程

B．工程的次要部分

C．群体工程（指结构技术要求相同的半数以下的单位工程）

D．门窗制作安装

275．承包方按照有关规定不可以将（　　）进行分包。

A．工程的主体结构

B．工程的次要部分

C．群体工程（指结构技术要求相同的半数以下的单位工程）

D．门窗制作安装

276．不属于固定总价合同适用的条件的是（　　）。

A．工程项目的施工图设计符合要求，项目范围及工程量计算依据确切，无较大的设计变更，报价工程量与实际完成工程量无较大差异

B．规模较小，技术不太复杂的中小型工程，承包方可以合理预见实施过程中遇到的各种风险

C．合同工期较短（一般为一年内工程）

D．初步设计符合要求，项目范围确切的工程

277．不属于固定总价合同适用的条件的是（　　）。

A．工程项目的施工图设计符合要求，项目范围及工程量计算依据确切，无较大的设计变更，报价工程量与实际完成工程量无较大差异

B．规模较小，技术不太复杂的中小型工程，承包方可以合理预见实施过程中遇到的各种风险

C．合同工期较短（一般为一年内工程）

D．工程的合同工期合理

278．成本加酬金合同主要适用的条件包括（　　）。

A．承、发包双方之间有高度信任，承包方在某些方面有独特的技术，特长和经验

B．工程内容及技术经济指标规定明确，发包方为了缩短建设周期的项目

C．承、发包双方之间相互信任

D．工期长，技术复杂，实施过程中可能会发生各种不可预见因素较多的工程

279．成本加酬金合同主要适用的条件包括（　　）。

A．承发包方双方之间相互信任

B．工程内容及技术经济指标规定明确，发包方为了缩短建设周期的项目

C．工程内容及技术经济指标尚未全面确定，投标报价的依据尚不充分，发包方工期要求紧迫，必须发包的工程

D．工期长，技术复杂，实施过程中可能会发生各种不可预见因素较多的工程

280．建设工程总承包合同一般规定应以（　　）作为解决争议的最终方式。

A．仲裁　　B．调解　　C．诉讼　　D．协商

281．在建设工程总承包合同的订立与履行中，（　　）是不正确的行为。

A．建设工程总承包合同通过招标投标方式订立

B．建筑工程总承包单位可将承包工程中的部分工程自行发包给具有相应资质条件的分包单位

C．建设工程总承包合同订立后，双方都应按合同的规定严格履行

D．总承包单位可以按合同规定对工程项目进行分包，但不能倒手转包

282．施工总承包合同的协议书内容不包括（　　）。

A．工程概况　　B．组成合同的文件

C．材料设备供应　　D．合同价款

283．施工总承包合同协议书中应包括（　　）。

A．施工组织设计与工期 B．质量与检验
C．安全施工 D．质量标准

284．有关施工总承包合同组成文件的优先解释顺序正确的是（　　）。
A．标准，合同专用条款，工程量清单
B．合同专用条款，合同通用条款，中标通知书
C．合同协议书，工程量清单，图纸
D．中标通知书，标准，工程量清单

285．施工总承包合同协议书中的合同工期应填写（　　）。
A．实际施工天数
B．总日历天数
C．扣除节假日后的总日历天数加上加班天数
D．扣除节假日后的总日历天数

286．施工总承包合同协议书中的合同价款应填写（　　）。
A．双方确定的合同金额 B．招标人编制的标底价
C．施工图预算价 D．评标委员会的评标价

287．施工总承包合同通用条款中包括（　　）。
A．组成合同的文件 B．工程概况
C．材料设备供应 D．工程承包范围

288．以下不属于施工合同文件组成的是（　　）。
A．合同协议书 B．投标须知 C．合同通用条款 D．工程报价单

289．《建筑法》规定，总承包单位和分包单位就分包工程对建设单位承担（　　）责任。
A．一般 B．先后 C．连带 D．共同

290．工程分包合同协议书中分包人应向承包人承诺，履行总承包合同中与分包工程有关的承包人的（　　）义务。
A．部分 B．双方约定的 C．连带 D．所有

291．建设工程施工劳务分包合同中，施工组织设计由（　　）负责编制。
A．工程承包人 B．发包人 C．工程承包人 D．工程师

292．建设工程施工劳务分包合同中，（　　）负责与发包人、监理、设计及有关部门联系。
A．工程承包人 B．工程师 C．劳务分包人 D．技术负责人

293．建设工程施工劳务分包合同中，劳务分包人（　　）与发包人及有关部门建立工作联系。
A．可以 B．未经工程承包人授权或允许，不得擅自
C．视具体情况 D．不可以

294．建设工程施工劳务分包合同中，劳务分包人在施工现场内使用的安全保护用品，由劳

务分保人提供使用计划，经工程承包人批准后，由（　　）负责供应。

A．发包人　　B．工程师　　C．劳务分包人　　D．工程承包人

295．建设工程施工劳务合同中，实施爆破作业时，劳务分包人应在施工前 10 天以书面形式通知工程承包人，并提出相应的安全防护措施，经工程承包人认可后实施，由（　　）承担安全防护措施费用。

A．发包人　　B．工程师　　C．工程承包人　　D．劳务分保人

296．建设工程施工劳务合同中，运至施工现场用于劳务施工的材料和待安装设备，由（　　）办理或获得保险。

A．发包人　　B．劳务分保人　　C．工程承包人　　D．工程师

297．建设工程施工劳务合同中，全部工作完成，经（　　）认可后 14 天内，劳务分包人向工程承包人递交完整的结算资料。

A．发包人　　B．设计人　　C．工程承包人　　D．工程师

298．建设工程总承包合同中，不属于发包人义务的是（　　）。

A．协助承包人申请有关许可，执照和批准

B．负责工程的协调与恰当实施

C．向承包人提供现场

D．如果发包人单方要求终止合同后，没有承包人的同意，在一定时期内不得重新开始实施该工程

299．建设工程总承包合同中，不属于发包人义务的是（　　）。

A．协助承包人申请有关许可、执照和批准

B．按照承包人的要求终止合同

C．向承包人提供现场

D．如果发包人单方要求终止合同后，没有承包人的同意，在一定时期内不得重新开始实施该工程

300．不属于《建设工程施工合同（示范文本）》（GF—2013—0201）组成内容的是（　　）。

A．协议书　　B．报表文件　　C．通用条款　　D．专用条款

301．不属于《建设工程施工合同（示范文本）》（GF—2013—0201）组成内容的是（　　）。

A．协议书　　B．投标须知　　C．通用条款　　D．专用条款

302．下述有关建设工程《专用条款》描述错误的是（　　）。

A．建设工程《专用条款》的解释与《通用条款》效力相同

B．建设工程《专用条款》的解释优于《通用条款》

C．《专用条款》与《通用条款》是相对应的

D．《专用条款》具体内容是发包人与承包人协商将工程的具体要求填写在合同文本中

303．下述有关建设工程《专用条款》描述错误的是（　　）。

A．建设工程《专用条款》的解释优于《通用条款》

B. 建设工程《通用条款》的解释优于《专用条款》

C.《专用条款》与《通用条款》是相对应的

D.《专用条款》具体内容是发包人与承包人协商将工程的具体要求填写在合同文本中

304. 禁止（总）承包人将工程分包给不具备相应资质条件的单位是（　　）中规定的。

A. 民法　　B. 担保法　　C. 建筑法　　D. 反不正当竞争法

305. 禁止（总）承包人将工程分包给不具备相应资质条件的单位是（　　）中规定的。

A. 民法　　B. 担保法　　C. 合同法　　D. 反不正当竞争法

306. 违法分包是指（　　）。

A. 总承包单位将建设工程分包给不具备相应资质条件的单位

B. 承包单位承包建设工程后，不履行合同约定的责任和义务，将其承包的全部建设工程转给他人

C. 承包单位将其承包的全部工程肢解后以分包的名义分别转给他人承包

307. 违法分包是指（　　）。

A. 承包单位承包建设工程后，不履行合同约定的责任和义务，将其承包的全部建设工程转给他人

B. 分包单位将其承包的建设工程再分包的

C. 承包单位将其承包的全部工程肢解后以分包的名义分别转给他人承包

308. 违法分包是指（　　）。

A. 施工总承包单位将建设工程主体结构的施工分包给其他单位

B. 承包单位承包建设工程后，不履行合同约定的责任和义务，将其承包的全部建设工程转给他人

C. 承包单位将其承包的全部工程肢解后以分包的名义分别转给他人承包

309. 违法分包中的不具备相应资质条件是指（　　）。

A. 未经建设单位认可　　B. 不具备资质条件

C. 未满足合同中的约定　　D. 不具备相应施工能力

310. 违法分包中的不具备相应资质条件是指（　　）。

A. 未经建设单位认可　　B. 未满足合同中的约定

C. 超越自身资质等级　　D. 不具备相应施工能力

311. 以下属于转包的是（　　）。

A. 承包单位承包建设工程，不属于合同约定的责任和义务，将其承包的全部建设工程转给他人

B. 总承包单位将建设工程分包给不具备相应资质条件的单位

C. 施工总承包单位将建设工程主体结构部分分包给其他单位

D. 分包单位将其承包的建设工程再分包的

312. 以下属于转包的是（　　）。

A．承包单位将其承包的全部工程肢解后以分包的名义分别转给他人承包
B．总承包单位将建设工程分包给不具备相应资质条件的单位
C．施工总承包单位将建设工程主体结构部分分包给其他单位
D．分包单位将其承包的建设工程再分包的

313．建设工程施工劳务分包合同中，由工程承包人承担费用的是（　　）。
A．各种证件、批件、规费，涉及劳务分包自身的手续除外
B．由于劳务分包人自身原因造成的质量修改、返工、工期拖延、安全事故、现场脏乱造成的损失及各种罚款
C．由于劳务分包人责任造成的施工现场周围建筑物、构筑物的损坏
D．劳务分包人从事危险作业的职工意外伤害保险

314．建设工程施工劳务分包合同中，由工程承包人承担费用的是（　　）。
A．由于劳务分包人自身原因造成的质量修改、返工、工期拖延、安全事故、现场脏乱造成的损失及各种罚款
B．劳务分包人在动力设备、输电线路、地下管道、密封防振车间、易燃易爆地段及临街交通要道附近施工时，经工程承包人认可后实施的防护措施费用
C．由于劳务分包人责任造成的施工现场周围建筑物、构筑物的损坏
D．劳务分包人从事危险作业的职工意外伤害保险

315．建设工程施工劳务分包合同中，有关劳务报酬计取错误的是（　　）。
A．浮动劳务报酬（含管理费）
B．固定劳务
C．约定不同工种劳务的计时单价（含管理费），按确认的工时计算
D．约定不同工作成果的计时单价（含管理费），按确认的工程量计算

316．建设工程施工劳务分包合同中，有关劳务报酬计取错误的是（　　）。
A．固定劳务
B．约定不同工种劳务的计时单价（含管理费），按确认的工时计算
C．约定不同工作成果的计时单价（含管理费），按确认的工程量计算
D．固定劳务报酬，管理费另计

317．建设工程施工劳务分包合同中，有关劳务报酬最终支付正确的是（　　）。
A．工程发包人收到劳务分包人递交的结算后 14 天内进行核实
B．工程发包人收到劳务分包人递交的结算后 28 天内进行核实
C．工程发包人确认结算资料后 14 天内向劳务分包人支付劳务报酬尾款
D．工程发包人确认结算资料后 28 天内向劳务分包人支付劳务报酬尾款

318．建设工程施工劳务分包合同中，有关劳务报酬最终支付正确的是（　　）。
A．全部工作完成，经工程承包人认可后 14 天内，劳务分包人向工程承包人递交完整的结算资料
B．工程发包人收到劳务分包人递交的结算后 14 天内进行核实

C．工程发包人收到劳务分包人递交的结算后28天内进行核实
D．工程发包人确认结算资料后28天内向劳务分包人支付劳务报酬尾款

319．建设工程施工劳务分包合同中，有关保险的说法正确的是（　　）。
A．劳务分包人开始施工前，工程承包人应获得发包人为施工场地内自有人员及第三方人员生命财产办理的保险
B．运至施工场地用于劳务施工的材料和待安装的设备，由工程承包人办理或获得保险，劳务分包人支付保险费用
C．劳务分包人须为从工程承包人处租赁的施工机械设备办理保险，并支付保险费用
D．工程承包人须为施工场地内劳务分包人自有人员生命财产和施工机械设备办理保险，并支付保险费用

320．建设工程施工劳务分包合同中，有关保险的说法正确的是（　　）。
A．保险事故发生时，劳务分包人和工程承包人有责任采取必要的措施，防止或减少损失
B．运至施工场地用于劳务施工的材料和待安装的设备，由工程承包人办理或获得保险，劳务分包人支付保险费用
C．劳务分包人须为从工程承包人处租赁的施工机械设备办理保险，并支付保险费用
D．工程承包人须为施工场地内劳务分包人自有人员生命财产和施工机械设备办理保险，并支付保险费用

321．建设工程合同签订后，发包人给承包人一定比例的预付款，一般为合同金额的（　　）。
A．2%　　B．5%　　C．10%　　D．20%

322．预付款担保的主要形式为（　　）。
A．现金　　B．银行保函
C．保证担保公司担保　　D．信用证

323．预付款担保的担保金额通常（　　）。
A．为预付款的10%　　B．为预付款的30%～50%
C．与预付款等值　　D．视情况而定

324．世行贷款项目招标文件范本《土建工程国内竞争性文件》规定，预付款（　　）。
A．承包人应支付利息
B．按银行同期贷款利息计息
C．不计息
D．从支付承包人的款项中按合同专用条款的规定按固定金额扣回

325．支付担保应由（　　）提交。
A．承包人向分包商　　B．承包人向发包人
C．承包人向供应商　　D．发包人向承包人

326．支付担保的担保额度为工程总额的（　　）。

A．5%　　B．10%　　C．20%～25%　　D．30%～50%

327．支付担保的主要作用是（　　）。

A．确保工程质量　　B．确保工程费用及时支付到位

C．保证承包人按约履行　　D．考察承包人资金实力

328．担保金额在担保有效期内逐步减少的担保是（　　）。

A．投标担保　　B．履约担保　　C．预付款担保　　D．支付担保

329．对同一工程而言，担保金额最低的担保通常是（　　）。

A．投标担保　　B．履约担保　　C．预付款担保　　D．支付担保

330．《房屋建筑和市政基础设施施工招标投标管理办法》规定，招标文件中要求中标人提交履约担保的，中标人应当提供，招标人（　　）同时向中标人提供工程款支付担保。

A．无需　　B．必须　　C．可以　　D．应当

331．FIDIC《土木工程施工合同条件应用指南》中有关预付款支付的规定，下列描述错误的是（　　）。

A．承包人应先提交发包人认可的履约保证书

B．承包人应先开始施工

C．由工程师开具证明支付给承包人

D．承包人应先提交经发包人认可的条件对全部预付款价值进行担保的保函

332．FIDIC《土木工程施工合同条件应用指南》中有关预付款支付的规定，下列描述错误的是（　　）。

A．承包人应先提交发包人认可的履约保证书

B．承包人应先将材料，设备运至施工现场

C．由工程师开具证明支付给承包人

D．承包人应先提交经发包人认可的条件对全部预付款价值进行担保的保函

333．有关支付担保，下列说法错误的是（　　）。

A．支付担保实行履约分段滚动担保

B．支付担保中，发包人是担保方

C．发包人违约后，承包人可要求提供担保的第三人承担相应责任

D．有关提供担保的内容、方式和相关责任，发包人和承包人除在专用条款中约定外，被担保方与担保方还应签订担保合同，作为工程合同附件

334．有关支付担保，下列说法错误的是（　　）。

A．支付担保实行履约分段滚动担保

B．支付担保中，承包人是被担保方

C．发包人违约后，承包人可要求提供担保的第三人承担相应责任

D．有关提供担保的内容、方式和相关责任，发包人和承包人除在专用条款中约定外，被担保方与担保方还应签订担保合同，作为工程合同附件

335. 下列有关建设工程担保的描述中，正确的是（　　）。
A．投标保证金的数额最高不得超过 80 万元
B．保留金总额一般限制在合同总价款的 10%
C．承包人提供履约担保的费用应由发包人承担
D．预付款担保的担保金额通常是预付款的 50%

336. 下列有关建设工程担保的描述中，正确的是（　　）。
A．保留金总额一般限制在合同总价款的 10%
B．承包人提供履约担保的费用应由发包人承担
C．预付款担保的担保金额通常是预付款的 50%
D．发包人支付担保应是金额担保

337. 由于合同条文繁杂，内涵意义深刻，法律语言不易理解等原因，必须进行（　　）。
A．合同分析　　B．合同签证　　C．合同公证　　D．合同管理

338. 合同分析工作中属于承包人责任的是（　　）。
A．明确工程变更索赔的有效期
B．及时做出承包人履行合同所必须的决策
C．提供设计资料等施工条件
D．按合同规定及时支付工程款

339. 在合同实施中，如果工程师指令的工程变更属于合同规定的工程范围，则（　　）必须无条件执行。
A．承包人　　B．发包人　　C．分包商　　D．项目管理人员

340. 工程变更的补偿范围，通常以（　　）一定的百分比表示，这个百分比越大，承包人的风险越大。
A．合同税率　　B．合同间接费　　C．合同金额　　D．合同直接费

341. 工程变更的索赔有效期，由合同具体规定，一般这个时间越短，对承包人管理水平的要求越高，（　　）。
A．对承包人越有利　　B．对发包人越不利
C．对承发包双方都不利　　D．对承包人越不利

342. 在合同分析中，应对重要的验收要求、（　　）以及验收所带来的法律后果作说明。
A．时间、程序　　B．时间、地点　　C．人员、责任　　D．质量、进度

343. 合同分析后，应由（　　）和企业相关部门人员作“合同交底”。
A．各层次管理者向合同管理人员　　B．合同管理人员向个层次管理者
C．合同管理人员向项目经理　　D．项目经理向合同管理人员

344. 合同责任的完成必须通过（　　）来保证。
A．经济手段　　B．法律手段　　C．政治手段　　D．行政手段

345．对分包商，主要通过分包合同明确双方的（　　），保证分包商能及时地按质按量地完成合同责任。

A．法律义务关系　　B．分包责任关系
C．责权利关系　　D．利益分配关系

346．合同控制的作用之一是了解合同的实施情况，找出偏离，以便及时采取措施，调整合同实施过程，达到（　　）。

A．项目要求　　B．合同要求　　C．项目总目标　　D．合同总目标

347．合同控制的作用之一是使项目管理人员一直清楚地了解合同实施情况，对合同实施（　　）有一个清醒的认识。

A．现状、趋向和结果　　B．目标、任务和形状
C．任务、形状和内容　　D．责任、目标和结果

348．针对工程问题，可以采取技术措施、组织和管理措施，经济措施及（　　）。

A．合同措施　　B．应变措施　　C．行政措施　　D．法律措施

349．属于工程实施中产生的资料有：发包人的（　　）。

A．合同文本、招标文件、投标文件等
B．各种工作指令、签证、信函、会谈纪要等
C．合同总体分析、网络图、横道图等
D．图纸、技术规范等

350．合同分析资料包括（　　）。

A．各种记录、施工日记等
B．各种工作指令、签证、信函、会议纪要等
C．合同文本、招标文件、投标文件、图纸、技术规范等
D．合同总体分析、网络图、横道图等

351．建设工程档案原始资料必须经过（　　）才能成为可供决策的信息，成为工程报表或报告文件。

A．信息加工　　B．信息分类　　C．信息编码　　D．信息汇总

352．进行合同分析有多种原因，如合同中存在问题和风险，包括（　　）。

A．合同审查时已经发现的风险
B．工程施工中，发生不可抗力的风险
C．项目管理职能人员不能全面理解合同风险
D．合同实施中，合同双方将会产生争议的风险

353．进行合同分析有多种原因，如合同中存在问题和风险，包括（　　）。

A．工程施工中，发生不可抗力的风险
B．合同审查时可能隐藏着的尚未发现的风险
C．项目管理职能人员不能全面理解合同风险

D．合同实施中，合同双方将会产生争议的风险

354．在合同分析中，不属于承包人主要任务的是（　　）。
A．明确合同中的工程量清单、图纸、工程说明、技术规范的定义
B．明确工程变更的补偿范围
C．明确工程变更的索赔有效期
D．明确索赔的项目和资金

355．在合同分析中，不属于承包人主要任务的是（　　）。
A．明确总任务，即合同标的
B．明确工程变更的补偿范围
C．明确工程变更的索赔有效期
D．明确索赔的项目和资金

356．在合同分析中，不属于承包人主要任务的是（　　）。
A．明确总任务，即合同标的
B．明确合同中的工程量清单、图纸、工程说明、技术规范的定义
C．明确工程变更的索赔有效期
D．明确索赔的项目和资金

357．在合同分析中，不属于承包人主要任务的是（　　）。
A．明确总任务，即合同标的
B．明确合同中的工程量清单、图纸、工程说明、技术规范的定义
C．明确工程变更的补偿范围
D．明确索赔的项目和资金

358．发包人和发包人所雇用的工程师不具有（　　）责任。
A．对平行的各承包人和供应商之间争执做出裁决
B．对平行的各承包人和供应商之间工作进行协调
C．承担管理和协调失误造成的损失
D．明确工程变更的索赔有效期

359．发包人和发包人所雇用的工程师不具有（　　）的责任。
A．对平行的各承包人和供应商之间的责任界限做出划分
B．对平行的各承包人和供应商之间工作进行协调
C．承担管理和协调失误造成的损失
D．明确工程变更的索赔有效期

360．发包人和发包人所雇用的工程师不具有（　　）的责任。
A．对平行的各承包人和供应商之间的责任界限做出划分
B．对平行的各承包人和供应商之间争执做出裁决
C．承担管理和协调失误造成的损失
D．明确工程变更的索赔有效期

361．发包人和发包人所雇用的工程师不具有（　　）的责任。

A．对平行的各承包人和供应商之间的责任界限做出划分
B．对平行的各承包人和供应商之间争执做出裁决
C．对平行的各承包人和供应商之间工作进行协调
D．明确工程变更的索赔有效期

362．合同价格分析的主要内容不包括（　　）。
A．工程计量程序、工程款结算方法和程序
B．费用索赔的条件、价格调整方法、计价依据、索赔有效期规定
C．工程价款的税率构成
D．拖欠工程款的合同责任

363．合同价格分析的主要内容不包括（　　）。
A．合同所采用的计价方法及合同价格所包括的范围
B．费用索赔的条件、价格调整方法、计价依据、索赔有效期规定
C．工程价款的税率构成
D．拖欠工程款的合同责任

364．合同价格分析的主要内容不包括（　　）。
A．合同所采用的计价方法及合同价格所包括的范围
B．工程计量程序、工程款结算方法和程序
C．工程价款的税率构成
D．拖欠工程款的合同责任

365．合同价格分析的主要内容不包括（　　）。
A．合同所采用的计价方法及合同价格所包括的范围
B．工程计量程序、工程款结算方法和程序
C．费用索赔的条件、价格调整方法、计价依据、索赔有效期规定
D．工程价款的税率构成

366．竣工验收合格即办理移交，移交不表示（　　）。
A．工程所有权的转让
B．发包人工程管理责任的结束和承包人工程照管责任的开始
C．保修责任的开始
D．合同规定的工程款支付条款有效

367．竣工验收合格即办理移交，移交不表示（　　）。
A．发包人认可并接收工程，承包人工程施工任务的完结
B．发包人工程管理责任的结束和承包人工程照管责任的开始
C．保修责任的开始
D．合同规定的工程款支付条款有效

368．竣工验收合格即办理移交，移交不表示（　　）。
A．发包人认可并接收工程，承包人工程施工任务的完结

B. 工程所有权的转让
C. 发包人工程管理责任的结束和承包人工程照管责任的开始
D. 合同规定的工程款支付条款有效

369. 竣工验收合格即办理移交，移交不表示（　　）。
A. 发包人认可并接收工程，承包人工程施工任务的完结
B. 工程所有权的转让
C. 发包人工程管理责任的结束和承包人工程照管责任的开始
D. 保修责任的开始

370. 对于索赔争执的解决，不需要分析（　　）。
A. 索赔的程序
B. 争执的解决方式和程序
C. 仲裁条款，包括仲裁所依据的法律、仲裁地点、方式和程序、仲裁结果的约束力等
D. 争执中涉及的政府有关部门的意见

371. 对于索赔争执的解决，不需要分析（　　）。
A. 索赔的程序
B. 争执的解决方式和程序
C. 仲裁条款，包括仲裁所依据的法律、仲裁地点、方式和程序、仲裁结果的约束力等
D. 索赔争执的解决方法

372. 仲裁条款不包括仲裁（　　）。
A. 所依据的法律　　B. 地点
C. 结果的约束力　　D. 委员会的组成

373. 仲裁条款不包括仲裁（　　）。
A. 所依据的法律　　B. 地点
C. 方式和程序　　D. 委员会的组成

374. 仲裁条款不包括仲裁（　　）。
A. 所依据的法律　　B. 方式和程序
C. 结果的约束力　　D. 委员会的组成

375. 仲裁条款不包括仲裁（　　）。
A. 方式和程序　　B. 地点
C. 结果的约束力　　D. 委员会的组成

376. 在下列情况不属于合同交底工作的是（　　）。
A. 学习合同，对合同的重要内容做出解释和说明
B. 检查施工现场的道路、水电、临时设施等施工条件
C. 将合同事件责任分解落实到各工程小组或分包人
D. 在合同实施前召开协调会议，落实各种安排

377．在下列情况不属于合同交底工作的是（　　）。

A．学习合同，对合同的重要内容做出解释和说明

B．召开生产调度会议，协调生产有关事项

C．将合同事件责任分解落实到各工程小组或分包人

D．在合同实施前召开协调会议，落实各种安排

378．合同诊断不包括（　　）。

A．分析合同执行差异的原因　　B．分析合同差异的责任

C．问题处理　　D．分析招标书的承诺

379．合同诊断不包括（　　）。

A．分析合同执行差异的原因　　B．分析合同差异的责任

C．问题处理　　D．分析合同中的累计方法

380．在资料的使用上，不属于合同管理人员责任的是（　　）。

A．向项目经理和发包人做工程实施情况报告

B．向各职能人员和各工程小组以及分包商提供资料

C．为工程的各种验收、索赔和反索赔提供资料和证据

D．为项目归档提供服务

381．在资料的使用上，不属于合同管理人员责任的是（　　）。

A．向项目经理和发包人做工程实施情况报告

B．向各职能人员和各工程小组以及分包商提供资料

C．为工程的各种验收、索赔和反索赔提供资料和证据

D．为社会查询提供帮助

382．FIDIC《施工合同条件》的主要特点是（　　）。

A．以竞争性招标投标方式选择承包人

B．以有限竞争性招标方式选择承包人

C．合同条件普遍适用于世界各地的工程建设情况

383．FIDIC《施工合同条件》的主要特点是（　　）。

A．以有限竞争性招标方式选择承包人

B．适用于整个土木工程

C．合同条件普遍适用于世界各地的工程建设情况

384．FIDIC《施工合同条件》的主要特点是（　　）。

A．以有限竞争性招标方式选择承包人

B．合同履行过程中采用以工程师为核心的工程项目管理模式

C．合同条件普遍适用于世界各地的工程建设情况

385．FIDIC《简短格式》不适用于（　　）的房屋建筑和土木工程。

A．形式简单　　B．重复性　　C．工期短　　D．不需要投标

386. FIDIC《简短格式》不适用于（　　）的房屋建筑和土木工程。
A. 价值较低　　B. 重复性　　C. 工期短　　D. 不需要投标

387. FIDIC《简短格式》不适用于（　　）的房屋建筑和土木工程。
A. 价值较低　　B. 形式简单　　C. 工期短　　D. 不需要投标

388. FIDIC《简短格式》不适用于（　　）的房屋建筑和土木工程。
A. 价值较低　　B. 形式简单　　C. 重复性　　D. 不需要投标

389. FIDIC 系列合同条件具有（　　）。
A. 国际性　　B. 普适性　　C. 公正性

390. FIDIC 系列合同条件具有（　　）。
A. 普适性　　B. 通用性　　C. 公正性

391. FIDIC 系列合同条件具有（　　）。
A. 普适性　　B. 权威性　　C. 公正性

392. 不属于 FIDIC 合同条件应用方式的是（　　）。
A. 合同管理中对比分析使用　　B. 在合同谈判中使用
C. 工程师管理项目中参考使用　　D. 部分选择使用

393. 不属于 FIDIC 合同条件应用方式的是（　　）。
A. 国际金融组织贷款和一些国际项目直接采用
B. 在合同谈判中使用
C. 工程师管理项目中参考使用
D. 部分选择使用

394. 不属于 FIDIC 合同条件应用方式的是（　　）。
A. 国际金融组织贷款和一些国际项目直接采用
B. 合同管理中对比分析使用
C. 工程师管理项目中参考使用
D. 部分选择使用

395. 不属于 FIDIC 合同条件应用方式的是（　　）。
A. 国际金融组织贷款和一些国际项目直接采用
B. 合同管理中对比分析使用
C. 在合同谈判中使用
D. 工程师管理项目中参考使用

396. FDIC 代表的是最具有权威的（　　）。
A. 发包人　　B. 承包人　　C. 咨询工程师　　D. 建筑师

397. 在新黄皮书条件下，承包人的基本义务是完成（　　）。
A. 设备的安装　　B. 永久设备的制造和安装

C．永久设备的设计和安装　　D．永久设备的设计、制造和安装

398．EPC 交钥匙项目合同条件适用于（　　）。

A．大型房屋建筑　　B．大型土木工程

C．工厂建设　　D．大型设备的设计、制造和安装

399．“银皮书”是指 FIDIC 合同条件中的（　　）。

A．施工合同条件　　B．永久设备和设计-建造合同条件

C．EPC 交钥匙项目合同条件　　D．合同的简短格式

400．FIDIC 合同通用条件适于（　　）。

A．某一类工程　　B．房屋工程

C．土木工程　　D．房屋建筑和土木工程

401．FIDIC 专用条件是对通用条件进行的具体化的（　　）。

A．修改　　B．补充　　C．完善　　D．修改和补充

402．NEC 合同条件是由英国（　　）协会编制的工程合同体系。

A．土木工程师　　B．承包人　　C．发包人　　D．建造师

403．下列哪种合同形式不是 NEC 的选项合同形式？（　　）

A．单价合同　　B．固定总价合同

C．目标单价合同　　D．成本加酬金合同

404．下列关于 NEC 九项核心条款表述不正确的是（　　）。

A．核心条款包括检验与缺陷　　B．核心条款包括补偿

C．核心条款包括责任赔偿　　D．核心条款包括风险与保险

405．为了适应新的项目采购方式的应用和项目管理模式的发展和变化，NEC 合同强调（　　）。

A．计划、组织与控制　　B．组织、控制与协调

C．激励、控制与协调　　D．沟通、合作与协调

406．AIA 是成立于 1857 年的（　　）专业社团。

A．美国咨询工程师　　B．美国建筑师

C．美国发包人　　D．美国承包人

407．AIA 系列合同条件中 A 系列是关于（　　）。

A．发包人与承包人之间的和约文件

B．发包人与提供专业服务的建筑师之间的合约文件

C．建筑师与提供专业服务的顾问之间的合约关系

D．建筑师行业所用的文件

408．AIA 合同条件主要用于（　　）。

A．公共的房屋建筑工程　　B．私营的房屋建筑工程

C．公共的土木工程　　D．私营的土木工程

409. AIA 合同文件在美国建筑业界及国际工程承包界，特别在（　　）地区具有较高的权威性。

A. 美洲　　B. 欧洲　　C. 非洲　　D. 亚洲

410. AIA 合同文件的核心是（　　）。

A. 标准条件　　B. 通用条件　　C. 专用条件　　D. 协议书格式

第七章　施　工　索　赔

1．索赔是双向的。（　　）

A．正确　　B．错误

2．索赔是单向的。（　　）

A．正确　　B．错误

3．以下关于索赔的说法不正确的是（　　）。

A．索赔是相互的

B．索赔是双向的

C．发包人不可以向承包人索赔

D．承包人可以向发包人索赔

4．发包人向承包人的索赔，称为（　　）。

A．索赔　　B．反索赔

5．施工索赔的性质属于（　　）。

A．经济补偿　　B．惩罚

6．（　　）不属于常见的建设工程索赔。

A．因合同文件引起的索赔

B．有关工程施工的索赔

C．增减工程量的索赔

D．关于价款与工期的索赔

7．（　　）不属于常见的建设工程索赔。

A．因合同文件引起的索赔

B．有关工程施工的索赔

C．增减工程量的索赔

D．财务费用补偿的索赔

8．（　　）不属于常见的建设工程索赔。

A．有关工程施工的索赔

B．增减工程量的索赔

C．关于价款与工期的索赔

D．财务费用补偿的索赔

9．（　　）不属于常见的建设工程索赔。

A．因合同文件引起的索赔

B．增减工程量的索赔

C．关于价款与工期的索赔

D．财务费用补偿的索赔

10．索赔按索赔当事人分类包括（　　）。

A．承包人与发包人之间的索赔

B．发包人与分包人之间的索赔

C．发包人与供货人之间的索赔

D．发包人与保险人之间的索赔

11．索赔按索赔当事人分类包括（　　）。

A．承包人与发包人之间的索赔

B．发包人与分包人之间的索赔

C．发包人与供货人之间的索赔

D．发包人与运输人之间的索赔

12. 按索赔当事人的不同，分类错误的是（　　）。

A. 承包人与发包人之间的索赔　　B. 承包人与分包人之间的索赔

C. 承包人与供贷人之间的索赔　　D. 发包人与分包人之间的索赔

13. 按索赔当事人的不同，分类错误的是（　　）。

A. 承包人与发包人之间的索赔　　B. 承包人与分包人之间的索赔

C. 发包人与分包人之间的索赔　　D. 承包人与保险人之间的索赔

14. 按索赔当事人的不同，分类错误的是（　　）。

A. 承包人与发包人之间的索赔　　B. 发包人与分包人之间的索赔

C. 承包人与供贷人之间的索赔　　D. 承包人与保险人之间的索赔

15. 按索赔当事人的不同，分类错误的是（　　）。

A. 发包人与分包人之间的索赔　　B. 承包人与分包人之间的索赔

C. 承包人与供贷人之间的索赔　　D. 承包人与保险人之间的索赔

16. 索赔按索赔要求分类包括（　　）。

A. 工期延长索赔　B. 工程终止索赔　C. 工程变更索赔

17. 按索赔所依据的范围分类分为（　　）。

A. 合同内索赔　B. 单项索赔　C. 总索赔

18. 按索赔所依据的范围分类分为（　　）。

A. 合同外索赔　B. 单项索赔　C. 总索赔

19. 按索赔所依据的范围分类分为（　　）。

A. 道义索赔　B. 单项索赔　C. 总索赔

20. 以下不是按索赔所依据的范围分类的是（　　）。

A. 合同内索赔　B. 合同外索赔　C. 道义索赔　D. 单项索赔

21. 以下不是按索赔所依据的范围分类的是（　　）。

A. 合同内索赔　B. 合同外索赔　C. 道义索赔　D. 总索赔

22. 以下按索赔的处理方式分类的是（　　）。

A. 合同内索赔　B. 合同外索赔　C. 道义索赔　D. 总索赔

23. 以下按索赔的处理方式分类的是（　　）。

A. 合同内索赔　B. 合同外索赔　C. 道义索赔　D. 单项索赔

24. 根据 FIDIC 合同条件，属于按照索赔的目的分类的是（　　）。

A. 实物索赔　B. 合约内索赔　C. 费用索赔　D. 合约外索赔

25. 根据 FIDIC 合同条件，属于按照索赔的目的分类的是（　　）。

A. 实物索赔　B. 合约内索赔　C. 合约外索赔　D. 工期索赔

26．根据 FIDIC 合同条件，不属于按照索赔的目的分类的是（　　）。
A．实物索赔　　B．费用索赔　　C．工期索赔

27．根据 FIDIC 合同条件，不属于按照索赔的目的分类的是（　　）。
A．合约内索赔　　B．费用索赔　　C．工期索赔

28．根据 FIDIC 合同条件，不属于按照索赔的目的分类的是（　　）。
A．费用索赔　　B．合约外索赔　　C．工期索赔

29．属于按索赔的目的分类的是（　　）。
A．施工索赔　　B．业主反索赔　　C．工期索赔　　D．商务索赔

30．属于按索赔的目的分类的是（　　）。
A．施工索赔　　B．业主反索赔　　C．商务索赔　　D．费用索赔

31．按索赔目的划分的是（　　）。
A．综合索赔　　B．单项索赔　　C．工期索赔　　D．合同内索赔

32．按索赔目的划分的是（　　）。
A．综合索赔　　B．单项索赔　　C．费用索赔　　D．合同内索赔

33．索赔表述中，正确的是（　　）
A．索赔要求的提出不需经对方同意
B．索赔具有惩罚性质
C．在索赔事件发生后的 28 天内递交索赔报告

34．依据《施工合同（示范文本）》的规定，下列关于承包商索赔的说法，错误的是（　　）。
A．只能向有合同关系的对方提出索赔
B．工程师可以对证据不充分的索赔报告不予理睬
C．工程师的索赔处理决定不具有强制性的约束力
D．索赔处理应尽可能协商达成一致

35．依据《施工合同（示范文本）》规定，索赔事件发生后的 28 天内，承包人应向工程师递交（　　）。
A．现场同期记录　　B．索赔意向通知
C．索赔报告　　D．索赔证据

36．索赔的程序和争执的解决决定着索赔的解决方法，我们要分析（　　）。
A．索赔的内容、方式及数额　　B．索赔的程序
C．索赔的金额

37．索赔的程序和争执的解决决定着索赔的解决方法，我们要分析（　　）。
A．索赔的内容、方式及数额　　B．争执的解决方式和程序
C．索赔的金额

38．索赔的程序和争执的解决决定着索赔的解决方法，我们要分析（　　）。

A．索赔的内容、方式及数额

B．索赔的金额

C．仲裁条款，包括仲裁所依据的法律，仲裁地点、方式和程序仲裁结果的约束力等

39．索赔成立的条件不包括（　　）。

A．与合同对照，事件已造成了承包人工程项目成本的额外支出，或直接工期损失

B．因为某种原因使得承包人或发包人受到严重的利益影响，并带有严重经济损失

C．造成费用增加或工期损失的原因，按合同约定不属于承包人的行为责任或风险责任

D．承包人按合同规定的程序提交索赔意向通知和索赔报告

40．索赔成立的条件不包括（　　）。

A．与合同对照，事件已造成了承包人工程项目成本的额外支出，或直接工期损失

B．造成费用增加或工期损失的原因，按合同约定不属于承包人的行为责任或风险责任

C．承包人按合同规定的程序提交索赔意向通知和索赔报告

D．发包人违反合同给承包人造成时间费用的损失

41．合同文件是索赔的最主要依据，不包括（　　）。

A．投标书及其附件

B．本合同专用条款和通用条款

C．标准、规范及有关技术文件、图纸、工程量清单和工程报价单或预算书

D．相关证据

42．合同文件是索赔的最主要依据，不包括（　　）。

A．本合同协议书及中标通知书

B．本合同专用条款和通用条款

C．标准、规范及有关技术文件、图纸、工程量清单和工程报价单或预算书

D．相关证据

43．合同文件是索赔的最主要依据，不包括（　　）。

A．本合同协议书及中标通知书

B．投标书及其附件

C．标准、规范及有关技术文件、图纸、工程量清单和工程报价单或预算书

D．相关证据

44．合同文件是索赔的最主要依据，不包括（　　）。

A．本合同协议书及中标通知书　　B．投标书及其附件

C．本合同专用条款和通用条款　　D．相关证据

45．建设工程反索赔的特点不包括（　　）。

A．索赔与反索赔同时性

B．技巧性强，处理不当将会引起诉讼

C．在反索赔时，发包人处于主动的有利地位，发包人在经工程师证明承包人违约后，可以直接从应付工程款中扣回款项，或从银行保函中得以补偿

D．承包人可以针对发包人的索赔进行反索赔

46．建设工程反索赔的特点不包括（　　）。

A．索赔与反索赔同时性

B．技巧性强，处理不当将会引起诉讼

C．在反索赔时，发包人处于主动的有利地位，发包人在经工程师证明承包人违约后，可以直接从应付工程款中扣回款项，或从银行保函中得以补偿

D．反索赔是双方的，即可指发包人对承包人，也可指承包人对发包人

47．下列不属于建设工程反索赔特点的是（　　）。

A．索赔与反索赔同时性

B．技巧性强，处理不当将会引起诉讼

C．在反索赔时，发包人处于主动的有利地位，发包人在经工程师证明承包人违约后，可以直接从应付工程款中扣回款项，或从银行保函中得以补偿

D．工程质量缺陷反索赔

48．建设工程反索赔的特点是（　　）。

A．承包人处于有利地位　　B．发包人处于有利地位

C．工程师要回避

49．建设工程反索赔的特点是（　　）。

A．索赔处理的技巧性　　B．承包人处于有利地位

C．工程师要回避

50．建设工程反索赔的特点是（　　）。

A．索赔与反索赔的同时性　　B．承包人处于有利地位

C．工程师要回避

51．发包人相对承包人反索赔的内容不包括（　　）。

A．拖延工期反索赔　　B．保留金的反索赔

C．发包人其他损失的反索赔　　D．关于工伤赔偿金的反索赔

52．发包人相对承包人反索赔的内容不包括（　　）。

A．工程质量缺陷反索赔　　B．保留金的反索赔

C．发包人其他损失的反索赔　　D．关于工伤赔偿金的反索赔

53．发包人相对承包人反索赔的内容不包括（　　）。

A．工程质量缺陷反索赔　　B．拖延工期反索赔

C．发包人其他损失的反索赔　　D．关于工伤赔偿金的反索赔

54．发包人相对承包人反索赔的内容不包括（　　）。

A．工程质量缺陷反索赔　　B．拖延工期反索赔

C．保留金的反索赔　　　　　　　　　　D．关于工伤赔偿金的反索赔

55．不属于工程施工的索赔所包含的内容的是（　　）。

A．增减工程量的索赔和各种额外的试验和检查费用偿付

B．工程质量要求的变更引起的索赔和关于变更命令有效期引起的索赔或拒绝

C．指定分包商违约或延误造成的索赔和其他有关施工的索赔

D．各种正常的试验和检查费用偿付

56．不属于工程施工的索赔所包含的内容的是（　　）。

A．地质条件变化引起的索赔和工程中人为障碍引起的索赔

B．工程质量要求的变更引起的索赔和关于变更命令有效期引起的索赔或拒绝

C．指定分包商违约或延误造成的索赔和其他有关施工的索赔

D．各种正常的试验和检查费用偿付

57．不属于工程施工的索赔所包含的内容的是（　　）。

A．地质条件变化引起的索赔和工程中人为障碍引起的索赔

B．增减工程量的索赔和各种额外的试验和检查费用偿付

C．指定分包商违约或延误造成的索赔和其他有关施工的索赔

D．各种正常的试验和检查费用偿付

58．不属于工程施工的索赔所包含的内容的是（　　）。

A．地质条件变化引起的索赔和工程中人为障碍引起的索赔

B．增减工程量的索赔和各种额外的试验和检查费用偿付

C．工程质量要求的变更引起的索赔和关于变更命令有效期引起的索赔或拒绝

D．各种正常的试验和检查费用偿付

59．明确工程变更的索赔有效期，由合同具体规定，一般为（　　）天。

A．28　　　　B．27　　　　C．26　　　　D．25

60．常见的建设工程索赔中因合同文件引起的索赔不包含（　　）。

A．有关合同文件的组成问题引起索赔

B．关于合同文件的内容不明或不详问题引起的索赔

C．关于合同文件有效性引起的索赔

D．因图纸或工程量表中的错误而索赔

61．根据《建设工程施工合同（示范文本）》（GF—2013—0201），下列关于承包人提交索赔意向通知的说法中，正确的是（　　）。

A．承包人应向业主提交索赔意向通知

B．承包人应向工程师提交索赔意向通知

C．承包人提交索赔意向通知没有期限限制

D．承包人不提交索赔意向通知不会导致索赔权利的损失

62．在施工索赔中，由于不利的自然条件与人为障碍引起的索赔，一方面是指地质条件变

化，另一方面是指（　　）。

A．发现地下构筑物，文物　　B．罢工、战争

C．业主提出不正当要求　　D．工程师的指令错误

63．在索赔的分类中，可分为单项索赔和总索赔，对总索赔方式说法正确的是（　　）。

A．特定情况下，被迫采用的一种方式　　B．通常采用的一种方式

C．解决起来较容易的一种方式　　D．容易取得索赔成功的一种方式

64．按索赔业务性质分类的是（　　）。

A．工程索赔和商务索赔　　B．工程索赔和道义索赔

C．商务索赔和道义索赔　　D．索赔与反索赔

65．由于不可抗力造成损失，承包人可以索赔的对象是（　　）。

A．监理工程师　　B．业主　　C．政府　　D．分包人

66．由于不可抗力造成损失，承包人可以索赔的对象是（　　）。

A．监理工程师　　B．分包人　　C．政府　　D．保险公司

67．当承包人提出索赔后，应相应地提供索赔的证据以证明索赔成立，此证据不包括（　　）。

A．工程照片　　B．工程师发布的各种书面指令

C．施工许可证　　D．财务凭证

68．当承包人提出索赔后，应相应地提供索赔的证据以证明索赔成立，此证据不包括（　　）。

A．工程照片　　B．工程师发布的各种书面指令

C．财务凭证　　D．招标文件

69．不属于建设工程索赔的起因的是（　　）。

A．承包人违约，包括发包人和工程师没有履行合同责任；没有正确地行使合同赋予的权力，工程管理失误，不按合同支付工程款

B．合同错误，如合同条文不全、错误、矛盾等

C．工程环境变化，包括法律、市场物价、货币汇率、自然条件的变化等

D．不可抗力的因素以及合同的变更，如双方协议签订的新的变更合同、备忘录、修正案以及其他等

70．不属于建设工程索赔的起因的是（　　）。

A．承包人违约，包括发包人和工程师没有履行合同责任；没有正确地行使合同赋予的权力，工程管理失误，不按合同支付工程款

B．合同错误，如合同条文不全、错误、矛盾等

C．工程环境变化，包括法律、市场物价、货币汇率、自然条件的变化等

D．合同变更

71．不属于建设工程索赔的起因的是（　　）。

A．承包人违约，包括发包人和工程师没有履行合同责任；没有正确地行使合同赋予的权力，工程管理失误，不按合同支付工程款

B．合同错误，如合同条文不全、错误、矛盾等

C．不可抗力的因素以及合同的变更，如双方协议签订的新的变更合同、备忘录、修正案以及其他等

D．合同变更

72．不属于建设工程索赔的起因的是（　　）。

A．承包人违约，包括发包人和工程师没有履行合同责任；没有正确地行使合同赋予的权力，工程管理失误，不按合同支付工程款

B．工程环境变化，包括法律、市场物价、货币换率、自然条件的变化等

C．不可抗力的因素以及合同的变更，如双方协议签订的新的变更合同、备忘录、修正案以及其他等

D．合同变更

73．根据 FIDIC《土木工程施工分包合同条件》，下列关于承包商对分包商索赔的处理办法中，正确的是（　　）。

A．因承包商原因使分包商受到损失的索赔，应提交工程师处理决定

B．因业主原因使分包商受到损失的索赔，承包商审查确认索赔成立后，先行给予分包商补偿后，再向业主索赔

C．因业主原因使分包商受到损失的索赔，承包商审查确认索赔成立后，以分包商的名义向工程师提交索赔报告

D．因工程师的错误指令使分包商受到损失的索赔，承包商审查确认索赔成立后，以分包商的名义向业主提交索赔报告

74．根据 FIDIC《土木工程施工分包合同条件》，下列关于承包商对分包商索赔的处理办法中，正确的是（　　）。

A．因承包商原因使分包商受到损失的索赔，应提交工程师处理决定

B．因工程师的错误指令使分包商受到损失的索赔，承包商审查确认索赔成立后，以分包商的名义向业主提交索赔报告

C．因业主原因使分包商受到损失的索赔，承包商审查确认索赔成立后，以分包商的名义向工程师提交索赔报告

D．因工程师的错误指令使分包商受到损失的索赔，承包商审查确认索赔成立后，以承包商的名义向工程师提交索赔报告

75．在建设工程施工索赔中，工程师判定承包人索赔成立的条件不包括（　　）。

A．事件造成了承包人施工成本的额外支出或总工期延误

B．造成费用增加或工期延误的原因，不属于承包人应承担的责任

C．造成费用增加或工期延误的原因，属于分包人的过错

D．按合同约定的程序，承包人提交了索赔意向通知

76．在建设工程施工索赔中，工程师判定承包人索赔成立的条件不包括（　　）。

A．事件造成了承包人施工成本的额外支出或总工期延误

B．造成费用增加或工期延误的原因，不属于承包人应承担的责任
C．造成费用增加或工期延误的原因，属于分包人的过错
D．按合同约定的程序，承包人提交了索赔报告

77．在建设工程施工索赔中，工程师判定承包人索赔成立的条件不包括（　　）。
A．事件造成了承包人施工成本的额外支出或总工期延误
B．按合同约定的程序，承包人提交了索赔报告
C．造成费用增加或工期延误的原因，属于分包人的过错
D．按合同约定的程序，承包人提交了索赔意向通知

78．在建设工程施工索赔中，工程师判定承包人索赔成立的条件不包括（　　）。
A．按合同约定的程序，承包人提交了索赔报告
B．造成费用增加或工期延误的原因，不属于承包人应承担的责任
C．造成费用增加或工期延误的原因，属于分包人的过错
D．按合同约定的程序，承包人提交了索赔意向通知

79．FIDIC《施工合同条件》中，业主的索赔主要限于（　　）等违约行为导致的业主损失。
A．施工质量缺陷　　B．施工成本增加
C．发生不可抗力　　D．未按时提供施工现场

80．FIDIC《施工合同条件》中，业主的索赔主要限于（　　）等违约行为导致的业主损失。
A．施工成本增加　　B．发生不可抗力
C．未按时提供施工现场　　D．拖延工期

81．承包人可索赔的费用不包括（　　）。
A．人工费　　B．贷款利息　　C．地方摊派费　　D．利润

82．承包人可索赔的费用不包括（　　）。
A．人工费　　B．贷款利息　　C．地方摊派费　　D．材料费

83．承包人可索赔的费用不包括（　　）。
A．人工费　　B．材料费　　C．地方摊派费　　D．利润

84．承包人可索赔的费用不包括（　　）。
A．材料费　　B．贷款利息　　C．地方摊派费　　D．利润

85．施工合同履行中造成竣工日期延误，经甲方代表确认，工期相应顺延的情况不包括（　　）。
A．工程量变化　　B．工程设计变更
C．不可抗力　　D．乙方实际进度与进度不相符

86．施工合同履行中造成竣工日期延误，经甲方代表确认，工期相应顺延的情况不包括（　　）。
A．工程量变化

B．工程设计变更
C．不可抗力
D．一周内，非乙方原因停水、停电、停气造成累计超过 4 小时

87．施工合同履行中造成竣工日期延误，经甲方代表确认，工期相应顺延的情况不包括（　　）。
A．工程师指令错误
B．工程设计变更
C．不可抗力
D．一周内，非乙方原因停水、停电、停气造成累计超过 4 小时

88．施工合同履行中造成竣工日期延误，经甲方代表确认，工期相应顺延的情况不包括（　　）。
A．乙方实际进度与进度不相符
B．工程设计变更
C．不可抗力
D．工程师指令错误

89．在下列情况下，承包人工期不予顺延的是（　　）。
A．发包人未按时提供施工条件
B．设计变更造成工期延长，但有时差可利用
C．不可抗力事件

90．索赔事件发生后，如承包人对发包人审批后的工程师索赔处理决定不满，理想的处理纠纷的方式是（　　）。
A．谈判　　B．诉讼　　C．仲裁

91．索赔事件发生后，如承包人对发包人审批后的工程师索赔处理决定不满，理想的处理纠纷的方式是（　　）。
A．诉讼　　B．仲裁　　C．达成谅解

92．索赔事件发生后，如承包人对发包人审批后的工程师索赔处理决定不满，理想的处理纠纷的方式是（　　）。
A．协调　　B．诉讼　　C．仲裁

93．施工索赔中，索赔费用主要包括内容是（　　）。
A．人工费、材料费、机械设备使用费　　B．管理费、利润、利息
C．以上全部

94．工程师提出对隐蔽的工程进行重新检验时，承包人应按要求进行剥露，如检验不合格，（　　）承担发生的全部费用，工期（　　）。
A．承包人，顺延　　B．承包人，不顺延
C．发包人，顺延　　D．发包人，不顺延

95．关于工期的索赔不包括（　　）。

A．关于延展工期的索赔

B．由于延误产生损失的索赔

C．由于特殊风险和人力不可抗拒灾害的索赔

D．赶工费用的索赔

96．某建设工程施工期间，承包商按照索赔程序提交了索赔报告，工程师在授权范围内处理承包商索赔时，错误的做法是（　　）。

A．顺延合同工期，给予费用补偿　　B．顺延合同工期，不给予费用补偿

C．不顺延合同工期，给予费用补偿　　D．缩短合同工期，给予费用补偿

97．由于施工过程受到严重干扰，造成多个索赔事件混杂在一起时，可用（　　）计算索赔费用。

A．实物法　　B．单价法　　C．分项法　　D．总费用法

98．下列原因中，不允许索赔窝工费用的是（　　）。

A．异常恶劣的气候造成的停工　　B．施工图纸未及时供应

C．工程变更　　D．业主方原因要求暂停工

99．采用总费用法计算索赔，适用于（　　）。

A．采取低价中标策略后的低标价工程　　B．总索赔费用较大的工程

C．不易分项计算损失费用的工程　　D．固定总价合同的工程

100．下列施工进度拖延情况中，（　　）属于可原谅并给予补偿费用的延期。

A．气候条件异常恶劣导致停工　　B．延误发放图纸

C．由于 SARS 导致工期的延误　　D．政府行为导致工期延误

101．某建设项目业主与甲施工单位签订了施工总包合同，合同中保函手续费为 20 万元，合同工期为 200d。合同履行过程中，因不可抗力事件发生致使开工日期推迟 30d，因异常恶劣气候停工 10d，因季节性大雨停工 5d，因设计分包单位延期交图停工 7d，上述事件均未发生在同一时间，则甲施工总包单位可索赔的保函手续费为（　　）万元。

A．0.7　　B．3.7　　C．4.7　　D．5.2

102．某土方工程业主与施工单位签订了土方施工合同；合同约定的土方工程量为 8000m^3，合同期为 6d，合同约定工程量增加 20%以内为施工方应承担的工期风险。施工过程中，因出现了较深的软弱下卧层，致使土方量增加了 10200m^3，则施工方可提出的工期索赔为（　　）天。（结果四舍五入取整）

A．1　　B．4　　C．17　　D．14

103．某基础工程隐蔽前已经工程师验收合格，在主体结构施工时因墙体开裂，对基础重新检验发现部分部位存在施工质量问题，下列对重新检验的费用和工期的处理表达正确的是（　　）。

A．费用由工程师承担，工期由承包人承担
B．费用由承包人承担，工期由发包人承担
C．费用由承包人承担，工期由承发包双方协商
D．费用和工期由承包人承担

104．根据 FIDIC《施工合同条件》，承包人可以提出费用补偿的是（　　）。
A．延误发放图样　　B．其他承包商的干扰
C．公共当局引起的延误　　D．异常不利的气候条件

105．根据 FIDIC《施工合同条件》，承包人可以提出费用补偿的是（　　）。
A．不可预见的外界条件　　B．其他承包商的干扰
C．公共当局引起的延误　　D．异常不利的气候条件

106．因不可抗力事件导致的费用及延误的工期，承包人承担的部分是（　　）。
A．工程本身的损失　　B．工程所需清理、修复费用
C．承包人人员伤亡　　D．第三方人员伤亡

107．因不可抗力事件导致的费用及延误的工期，承包人承担的部分是（　　）。
A．工程本身的损失　　B．工程所需清理、修复费用
C．承包人人员伤亡　　D．承包人采购准备用于施工的材料损害

108．因不可抗力事件导致的费用及延误的工期，承包人承担的部分是（　　）。
A．第三方人员伤亡　　B．工程所需清理、修复费用
C．承包人人员伤亡　　D．承包人采购准备用于施工的材料损害

109．因不可抗力事件导致的费用及延误的工期，承包人承担的部分是（　　）。
A．工程本身的损失　　B．承包人采购准备用于施工的材料损害
C．承包人人员伤亡　　D．第三方人员伤亡

110．费用索赔不包括（　　）。
A．总部管理费　　B．工地管理费
C．业主拖延支付所赔款的利息　　D．承包商进行索赔程序所花费的费用

111．费用索赔不包括（　　）。
A．总部管理费　　B．工地管理费
C．承包商进行索赔程序所花费的费用　　D．直接费

112．费用索赔不包括（　　）。
A．总部管理费　　B．承包商进行索赔程序所花费的费用
C．业主拖延支付所赔款的利息　　D．直接费

113．费用索赔不包括（　　）。
A．承包商进行索赔程序所花费的费用　　B．工地管理费

C．业主拖延支付所赔款的利息　　　　　　D．直接费

114．索赔的费用不包括（　　）。

A．利润　　B．贷款利息　　C．保函手续费　　D．折旧

115．索赔的费用不包括（　　）。

A．利润　　B．贷款利息　　C．折旧　　D．设备租赁费

116．索赔的费用不包括（　　）。

A．利润　　B．折旧　　C．保函手续费　　D．设备租赁费

117．索赔的费用不包括（　　）。

A．折旧　　B．贷款利息　　C．保函手续费　　D．设备租赁费

118．由于业主原因，工程师下令停工 1 个月，承包人不可以索赔的款项是（　　）。

A．人工窝工费　　B．施工机械窝工费

C．材料超期储存费用　　D．工程延期一个月增加的履约保涵手续费

119．由于业主原因，工程师下令停工 1 个月，承包人不可以索赔的款项是（　　）。

A．人工窝工费　　B．施工机械窝工费

C．合理的利润　　D．工程延期一个月增加的履约保涵手续费

120．工期索赔的计算方法有（　　）。

A．网络分析法　　B．修正的总费用法

C．分项计算法　　D．实际费用法

121．工期索赔的计算方法有（　　）。

A．分项计算法　　B．修正的总费用法

C．比例计算法　　D．实际费用法

122．不可抗力事件造成的损失，可以补偿的损失部分包括（　　）。

A．全部费用　　B．利润

C．直接工程费　　D．人工费、材料费、机械使用费

123．不可抗力事件造成的损失，可以补偿的损失部分包括（　　）。

A．直接工程费　　B．利润

C．工期　　D．人工费、材料费、机械使用费

124．承包方发生工期拖延，同时得到费用和工期索赔，其原因来自于（　　）。

A．特殊反常的天气　　B．业主

C．工人罢工　　D．政府间经济制裁

125．承包方发生工期拖延，同时得到费用和工期索赔，其原因来自于（　　）。

A．特殊反常的天气　　B．工人罢工

C．工程师　　D．政府间经济制裁

126. 由于业主提供的设计图纸错误导致分包工程返工，为此分包商向承包商提出索赔。承包商（　　）。

A．因不属于自己的原因拒绝索赔要求

B．认为要求合理，先行支付后再向业主索要

C．不予支付，以自己的名义向工程师提交索赔报告

D．不予支付，以分包商的名义向工程师提交索赔报告

127. 施工中遇到连续 10 天超过合同约定等级的大暴雨天气而导致施工进度的延误，承包商为此事件提出的索赔属于应（　　）。

A．由承包商承担的风险责任　　B．给予费用补偿并顺延工期

C．给予费用补偿但不顺延工期　　D．给予工期顺延但不给费用补偿

128. 根据施工索赔的规定，可以认为索赔是指（　　）。

A．只限承包商向业主索赔　　B．业主无权向承包商索赔

C．业主与承包商之间的双向索赔　　D．不包括承包商与分包商之间的索赔

129. 索赔是事件发生后，承包人应在索赔事件发生后的 28 天内向工程师递交索赔意向通知，声明将对此事件提出索赔。（　　）

A．正确　　B．错误

130. 当工程师确定的索赔额超过其权限范围时，必须报请发包人批准。（　　）

A．正确　　B．错误

131. 工程师收到承包人递交的索赔报告和有关资料后，应在 28 天内给予答复，否则视为对方索赔要求已经认可。（　　）

A．正确　　B．错误

132. FIDIC 合同条件中规定，业主的索赔主要限于施工质量缺陷和拖延工期等违约行为导致的业主损失。（　　）

A．正确　　B．错误

133. 承包商没按照规定时间提出索赔意向和索赔报告，则失去对该事件请求的索赔权利。（　　）

A．正确　　B．错误

134. 在承包商提出的费用索赔中，是以实际损失为依据，因此其索赔金额均不应包括利润。（　　）

A．正确　　B．错误

135.《建设工程施工合同（示范文本）》（GF—2013—0201）中，不能够构成设计变更的事项包括（　　）。

A．更改工程有关部分的标高、基线、位置和尺寸

B．增减合同中约定的工程量

C．改变有关工程施工时间和顺序

D．法院要求停止施工

136.《建设工程施工合同（示范文本）》（GF—2013—0201）中，不能够构成设计变更的事项包括（　　）。

A．更改工程有关部分的标高、基线、位置和尺寸

B．增减合同中约定的工程量

C．改变有关工程施工时间和顺序

D．仲裁机关要求停止施工

137.《建设工程施工合同（示范文本）》（GF—2013—0201）中，因以下原因造成的工期延误，经工程师确认，工期不予顺延的是（　　）。

A．承包人未能按合同约定质量标准施工

B．工程师未按合同约定提供所需指令、批准等，致使施工不能正常进行

C．设计变更和工程量增加

D．一周内非因承包人的原因停水、停电、停气造成停工累计超过 4 小时

138.《建设工程施工合同（示范文本）》（GF—2013—0201）中，因以下原因造成的工期延误，经工程师确认，工期不予顺延的是（　　）。

A．承包人未能按合同约定质量标准施工

B．发包人未能按约定日期支付工程预付款、进度款，致使施工不能正常进行

C．设计变更和工程量增加

D．一周内非因承包人的原因停水、停电、停气造成停工累计超过 4 小时

139.《建设工程施工合同（示范文本）》（GF—2013—0201）中，因以下原因造成的工期延误，经工程师确认，工期不予顺延的是（　　）。

A．承包人未能按合同约定质量标准施工

B．发包人未能按约定日期支付工程预付款、进度款，致使施工不能正常进行

C．工程师未按合同约定提供所需指令、批准等，致使施工不能正常进行

D．设计变更和工程量增加

140.《建设工程施工合同（示范文本）》（GF—2013—0201）中，因以下原因造成的工期延误，经工程师确认，工期不予顺延的是（　　）。

A．承包人未能按合同约定质量标准施工

B．发包人未能按约定日期支付工程预付款、进度款，致使施工不能正常进行

C．工程师未按合同约定提供所需指令、批准等，致使施工不能正常进行

D．工程师指令错误

141．索赔必须以（　　）为依据。

A．工程预算　　B．结算资料　　C．工程变更　　D．合同

142．（　　）是指承包人提出的索赔要求虽然在合同条件中没有相应的文字规定，但可以

根据合同的某些条款的含义推断出承包人有索赔权。这种索赔要求同样有法律效力，有权得到相应的经济补偿。

A. 合同中明示的索赔　　B. 合同中默示的索赔
C. 工期索赔　　D. 道义索赔

143. （　　）是在合同履行过程中，当事人一方就对方不履行或不完全履行合同义务，或者就可归责于对方的原因而造成的经济损失，向对方提出赔偿或补偿要求的行为。

A. 变更　　B. 终止　　C. 反索赔　　D. 索赔

144. 在施工中由于（　　）原因导致工期延误，承包人应当承担违约责任。

A. 不可抗力　　B. 承包人的设备损坏
C. 设计变更　　D. 工程量变化

145. 在施工中出现非承包商原因的窝工现象，承包商自有设备可按（　　）计算索赔费用。

A. 施工机械台班费　　B. 施工机械台班折旧和设备使用费
C. 施工机械台班折旧费　　D. 施工机械市场租赁费

146. 通常把承包商向业主提出的为了取得（　　）的要求称为“施工索赔”。

A. 施工损失和利润损失　　B. 超额利润或工期延误
C. 经济补偿或工期延长　　D. 经济补偿和工期延长

147. 按索赔所依据的理由分类，索赔有（　　）。

A. 工程索赔、费用索赔　　B. 合同内索赔、合同外索赔和道义索赔
C. 对内索赔、对外索赔　　D. 单项索赔、总索赔

148. 以其存在，存放的地点外部特征及物质特征来证明案件事实真相的证据是（　　）。

A. 书证　　B. 物证　　C. 视听材料　　D. 勘验，检验笔录

149. 如果发包方工程师下达停工令，而并非承包方的原因，承包人可以就其停工损失获得（　　）。

A. 合同的额外费用补偿　　B. 全部的额外费用补偿
C. 必要的赶工费用的补偿　　D. 部分的额外费用补偿

150. 指定分包商违约或延误的索赔属于（　　）。

A. 工期变更索赔　　B. 有关工程施工的索赔
C. 关于价款方面的索赔　　D. 合同外索赔

151. 工程师在收到承包人送交的索赔报告后 28 天未予答复或未对承包人做进一步要求，视该项索赔（　　）。

A. 已经认可　　B. 没有认可　　C. 已提交诉讼　　D. 已提交仲裁

152. 补偿事件是指（　　）。

A. 由于非承包人的过失而引起的事件　　B. 由于承包人的过失而引起的事件

C．由于工程师的过失而引起的事件　　D．由于不可抗力而引起的事件

153．不可以作为证据使用的材料是（　　）。
A．律师辩护　　B．勘验笔录
C．视听材料　　D．证人证言、鉴定结论

154．不可以作为证据使用的材料是（　　）。
A．证书、物证　　B．律师辩护　　C．视听材料　　D．勘验笔录

155．不可以作为证据使用的材料是（　　）。
A．证书、物证　　B．律师辩护
C．证人证言、鉴定结论　　D．勘验笔录

156．不可以作为证据使用的材料是（　　）。
A．证书、物证　　B．律师辩护
C．证人证言、鉴定结论　　D．视听材料

157．下列属于施工项目索赔应具备的理由的是（　　）。
A．承包人的原因导致工程暂时停工
B．承包人提出提前完成项目或缩短工期而造成的费用增加
C．物价上涨，法规变化及其他

158．下列属于施工项目索赔应具备的理由的是（　　）。
A．承包人的原因导致工程暂时停工
B．发包人延误支付期造成承包人的损失
C．承包人提出提前完成项目或缩短工期而造成的费用增加

159．下列属于施工项目索赔应具备的理由的是（　　）。
A．发包人违反合同给承包人造成时间，费用损失
B．承包人的原因导致工程暂时停工
C．承包人提出提前完成项目或缩短工期而造成的费用增加

160．发包人相对承包人反索赔的内容不包括（　　）。
A．拖延工期的反索赔　　B．保留金的反索赔
C．发包人其他损失的反索赔　　D．发包人投资增加的反索赔

161．发包人相对承包人反索赔的内容不包括（　　）。
A．工程质量缺陷的反索赔　　B．保留金的反索赔
C．发包人其他损失的反索赔　　D．发包人投资增加的反索赔

162．发包人相对承包人反索赔的内容不包括（　　）。
A．工程质量缺陷的反索赔　　B．拖延工期的反索赔
C．发包人其他损失的反索赔　　D．发包人投资增加的反索赔

163．发包人相对承包人反索赔的内容不包括（   ）。
A．工程质量缺陷的反索赔　　B．拖延工期的反索赔
C．保留金的反索赔　　D．发包人投资增加的反索赔

164．FIDIC《土木工程施工合同条件》规定，发包人在按照履约担保提出索赔前，（   ）通知承包人，说明导致索赔的违约性质。
A．无需　　B．某些情况下，需要
C．皆应　　D．视情况而定

165．索赔是指在合同的实施过程中，合同一方因对方不履行或未能正确履行合同所规定的义务或未能保证承诺的合同条件实现而（   ），向对方提出的补偿要求。
A．拖延工期后　　B．遭受损失后　　C．产生分歧后　　D .提起公诉后

166．对于索赔的描述，正确的是（   ）。
A．承包人可以向发包人索赔，发包人不可以向承包人索赔
B．承包人不可以向发包人索赔，发包人可以向承包人索赔
C．承包人可以向发包人索赔，发包人可以向承包人索赔
D．发包人可以向承包人索赔，承包人可以向发包人反索赔

167．合同条文有二义性（   ）。
A．视为合同废止　　B．属于合同错误
C．视为合同变更　　D．属于合同笔误

168．因货币贬值、汇率变化、物价和工资上涨、政策法令变化引起的索赔属于（   ）。
A．不可预见的外部障碍或条件索赔　　B．工程变更索赔
C．工程终止索赔　　D．其他索赔

169．由于某种原因，如不可抗力因素影响，发包人违约，使工程被迫在竣工前停止实施，并不再继续进行，使承包人蒙受经济损失，因此提出的索赔属于（   ）。
A．不可预见的外部障碍或条件索赔　　B．工程变更索赔
C．工程停止索赔　　D．其他索赔

170．要求发包人补偿费用损失，调整合同价格的索赔是（   ）。
A．工期索赔　　B．费用索赔　　C．道义索赔　　D．合同内索赔

171．不属于合同外索赔定义的是（   ）。
A．工程过程中发生的干扰事件的性质已经超过合同范围
B．必须根据适用于合同关系的法律解决
C．在合同中找不出具体的依据
D．索赔超过合同规定期限

172．以下不能成为承包人向发包人施工索赔的理由的是（   ）。
A．监理工程师对合同文件的歧义解释　　B．物价上涨，法律法规变化
C．由于不可抗力导致施工条件的改变　　D．承包商做出工程变更

173．在索赔方面，物价大幅上涨的事件可以被认为是（　　）。

A．双方承担的事件　　B．不予考虑的事件

C．不可抗力的事件　　D．承包人索赔的事件

174．因图纸或工程量表中的错误而索赔属于（　　）。

A．因合同文件引起的索赔　　B．有关工程施工方案的索赔

C．关于价款方面的索赔　　D．合同外索赔

175．人力不可抗拒灾害主要是指自然灾害，由这类灾害造成的损失应由（　　）。

A．分包人和承包人共同承担　　B．承包人承担

C．承保的保险公司承担　　D．发包人承担

176．投保工程一切险遇自然灾害造成的损失应向承保的保险公司索赔，合同中承包人以发包人和承包人共同的名义投保工程一切险，（　　）。

A．只能由发包人索赔　　B．承包人可同发包人一起索赔

C．只能由承包人索赔　　D．不能双方一起索赔

177．战争、敌对行动、入侵等风险的索赔属于（　　）。

A．特殊风险的索赔　　B．人力不可抗拒灾害的索赔

C．工程暂停索赔　　D．合同中止的索赔

178．财务费用的损失要求补偿，是指因各种原因使承包人财务开支增大而导致的（　　）增加等财务费用。

A．担保费　　B．保险费　　C．贷款利息　　D．管理费用

179．不属于合同文件的有（　　）。

A．图纸　　B．工程量清单

C．投标书及其附件　　D．施工日志

180．在工程索赔中，各种会计核算资料（　　）。

A．不可以作为索赔证据　　B．可以作为索赔证据

C．只能作为索赔参考　　D．是索赔的物证

181．不属于索赔程序的是（　　）。

A．提出索赔要求　　B．报送索赔资料

C．工程师答复　　D．上级调节

182．当出现索赔事项时，承包人以书面的索赔通知书形式，在索赔事项发生后的（　　）天以内向工程师正式提出索赔意向通知。

A．28　　B．14　　C．21　　D．7

183．工程师对索赔的答复，承包人或发包人不能接受，（　　）。

A．即进入仲裁或诉讼程序　　B．即进入调解程序

C．只能进入仲裁程序　　D．只能进入诉讼程序

184. 建设工程反索赔的概念通常主要是指（　　）。
A. 发包人向承包人的索赔　　B. 承包人向发包人的索赔
C. 分包人向承包人的索赔　　D. 发包人向分包人的索赔

185. 反索赔是对提出索赔一方的（　　）。
A. 回应　　B. 上诉　　C. 索赔　　D. 承诺

186. 建设工程反索赔具有同时性，（　　）的特点。
A. 预防性，发包人处于主动的有利地位
B. 技巧性，发包人处于主动的有利地位
C. 预防性，承包人处于主动的有利地位
D. 技巧性，承包人处于主动的有利地位

187. 不属于建设工程索赔起因的是（　　）。
A. 承包人违约　　B. 合同错误　　C. 合同变更　　D. 工程环境变化

188. 不属于建设工程索赔起因的是（　　）。
A. 承包人违约　　B. 合同错误　　C. 合同变更　　D. 不可抗力因素

189. 不属于建设工程索赔起因的是（　　）。
A. 承包人违约　　B. 合同错误　　C. 不可抗力因素　　D. 工程环境变化

190. 不属于建设工程索赔起因的是（　　）。
A. 承包人违约　　B. 不可抗力因素　　C. 合同变更　　D. 工程环境变化

191. 不属于按当事人分类的索赔是（　　）。
A. 承包人与分包人之间索赔　　B. 承包人与供货人之间索赔
C. 承包人与保险人之间索赔　　D. 承包人与工程师之间索赔

192. 不属于按当事人分类的索赔是（　　）。
A. 承包人与发包人之间索赔　　B. 承包人与供货人之间索赔
C. 承包人与保险人之间索赔　　D. 承包人与工程师之间索赔

193. 不属于按当事人分类的索赔是（　　）。
A. 承包人与发包人之间索赔　　B. 承包人与分包人之间索赔
C. 承包人与保险人之间索赔　　D. 承包人与工程师之间索赔

194. 不属于按当事人分类的索赔是（　　）。
A. 承包人与发包人之间索赔　　B. 承包人与分包人之间索赔
C. 承包人与供货人之间索赔　　D. 承包人与工程师之间索赔

195. 不属于按索赔事件影响分类的是（　　）。
A. 不可预见的外部障碍或条件索赔　　B. 工程变更索赔
C. 工程终止索赔　　D. 合同内索赔

196．不属于按索赔事件影响分类的是（　　）。

A．工期拖延索赔　　B．工程变更索赔
C．工程终止索赔　　D．合同内索赔

197．不属于按索赔事件影响分类的是（　　）。

A．工期拖延索赔　　B．不可预见的外部障碍或条件索赔
C．工程终止索赔　　D．合同内索赔

198．不属于按索赔事件影响分类的是（　　）。

A．工期拖延索赔　　B．不可预见的外部障碍或条件索赔
C．工程变更索赔　　D．合同内索赔

199．关于总索赔描述错误的是（　　）。

A．总索赔是“综合索赔”
B．总索赔是在国际工程中经常采用的索赔处理和解决方法
C．总索赔是在完成了工程决算后提出的
D．总索赔是在工程交付时进行的

200．关于总索赔描述错误的是（　　）。

A．总索赔是“一揽子索赔”
B．总索赔是在国际工程中经常采用的索赔处理和解决方法
C．总索赔是在完成了工程决算后提出的
D．总索赔是在工程交付时进行的

201．关于总索赔描述错误的是（　　）。

A．总索赔是“一揽子索赔”
B．总索赔是“综合索赔”
C．总索赔是在完成了工程决算后提出的
D．总索赔是在工程交付时进行的

202．关于总索赔描述错误的是（　　）。

A．总索赔是“一揽子索赔”
B．总索赔是“综合索赔”
C．总索赔是在国际工程中经常采用的索赔处理和解决方法
D．总索赔是在完成了工程决算后提出的

203．属于建设工程索赔成立的条件的是（　　）。

A．承包人按合同规定的程序提交索赔意向通知书和索赔报告
B．造成费用增加或工期损失额度巨大
C．索赔费用容易计算

204．属于建设工程索赔成立的条件的是（　　）。

A．造成费用增加或工期损失的原因，按合同约定不属于承包人的行为责任或风险责任

B．造成费用增加或工期损失额度巨大
C．索赔费用容易计算

205．建设工程索赔成立的条件是（　　）。
A．与合同对照，事件已造成了承包人的额外支出或直接工期损失
B．造成费用增加或工期损失额度巨大
C．索赔费用容易计算

206．常见的建设工程索赔不包括（　　）。
A．因合同文件引起的索赔
B．有关工程施工方案的索赔
C．关于价款、工期和财务费用补偿方面的索赔
D．关于工程暂停，中止合同的索赔

207．常见的建设工程索赔不包括（　　）。
A．因合同文件引起的索赔
B．有关工程施工方案的索赔
C．关于价款，工期和财务费用补偿方面的索赔
D．特殊风险和人力不可抗拒灾害的索赔

208．常见的建设工程索赔不包括（　　）。
A．因合同文件引起的索赔
B．有关工程施工方案的索赔
C．特殊风险和人力不可抗拒灾害的索赔
D．关于工程暂停，中止合同的索赔

209．常见的建设工程索赔不包括（　　）。
A．特殊风险和人力不可抗拒灾害的索赔
B．有关工程施工方案的索赔
C．关于价款、工期和财务费用补偿方面的索赔
D．关于工程暂停，中止合同的索赔

210．不属于建设工程索赔分类方式的是（　　）。
A．按索赔事件的影响分类　　B．按索赔要求大小分类
C．按索赔所依据的理由分类　　D．按索赔的处理方式分类

211．不属于建设工程索赔分类方式的是（　　）。
A．按索赔当事人分类　　B．按索赔要求大小分类
C．按索赔所依据的理由分类　　D．按索赔的处理方式分类

212．不属于建设工程索赔分类方式的是（　　）。
A．按索赔当事人分类　　B．按索赔事件的影响分类
C．按索赔要求大小分类　　D．按索赔的处理方式分类

213．不属于建设工程索赔分类方式的是（　　）。

A．按索赔当事人分类　　B．按索赔事件的影响分类

C．按索赔要求大小分类　　D．按索赔所依据的理由分类

214．合同文件是索赔的最主要的依据，其不包括（　　）。

A．投标书及其附件、标准、规范及有关技术文件

B．本合同通用条款、本合同专用条款

C．图纸、工程量清单、工程报价单或预算书

D．合同履行中，发包人与承包人之间的电话记录

215．合同文件是索赔的最主要的依据，其不包括（　　）。

A．本合同协议书，中标通知书

B．本合同通用条款，本合同专用条款

C．图纸、工程量清单、工程报价单或预算书

D．合同履行中，发包人与承包人之间的电话记录

216．合同文件是索赔的最主要的依据，其不包括（　　）。

A．本合同协议书、中标通知书

B．投标书及其附件、标准、规范及有关技术文件

C．图纸、工程量清单、工程报价单或预算书

D．合同履行中，发包人与承包人之间的电话记录

217．合同文件是索赔的最主要的依据，其不包括（　　）。

A．本合同协议书、中标通知书

B．投标书及其附件、标准、规范及有关技术文件

C．本合同通用条款、本合同专用条款

D．合同履行中，发包人与承包人之间的电话记录

218．工程索赔中的证据不包括（　　）。

A．招标公告　　B．施工现场的工程文件

C．各种会议纪要　　D．施工进度计划和实际施工进度记录

219．工程索赔中的证据不包括（　　）。

A．招标公告　　B．来往信件

C．施工现场的工程文件　　D．施工进度计划和实际施工进度记录

220．工程索赔中的证据不包括（　　）。

A．招标公告　　B．来往信件

C．各种会议纪要　　D．施工现场的工程文件

221．工程索赔中的证据不包括（　　）。

A．招标公告　　B．来往信件

C．各种会议纪要　　D．施工进度计划和实际施工进度记录

222．工程索赔中的证据不包括（　　）。

A．气候报告

B．施工中各种检查验收报告和技术鉴定报告

C．工地交接记录，图纸和资料交接记录

D．建筑材料和设备的采购、运输、使用计划书

223．工程索赔中的证据不包括（　　）。

A．工程照片

B．施工中各种检查验收报告和技术鉴定报告

C．工地交接记录、图纸和资料交接记录

D．建筑材料和设备的采购、运输、使用计划书

224．工程索赔中的证据不包括（　　）。

A．工程照片

B．气候报告

C．工地交接记录、图纸和资料交接记录

D．建筑材料和设备的采购、运输、使用计划书

225．工程索赔中的证据不包括（　　）。

A．工程照片

B．气候报告

C．施工中各种检查验收报告和技术鉴定报告

D．建筑材料和设备的采购、运输、使用计划书

226．索赔文件不包括（　　）。

A．论证部分　　B．总述部分

C．索赔款项（或工期）计算部分　　D．摘要部分

227．索赔文件不包括（　　）。

A．证据部分　　B．总述部分

C．索赔款项（或工期）计算部分　　D．摘要部分

228．索赔文件不包括（　　）。

A．证据部分　　B．论证部分

C．索赔款项（或工期）计算部分　　D．摘要部分

229．索赔文件不包括（　　）。

A．证据部分　　B．论证部分　　C．总述部分　　D．摘要部分

230．索赔程序不包括（　　）。

A．报送索赔资料

B．工程师答复、工程师逾期答复后果、持续索赔

C．领导责任

D．仲裁与诉讼

231．索赔程序不包括（　　）。

A．提出索赔要求

B．工程师答复、工程师逾期答复后果、持续索赔

C．领导责任

D．仲裁与诉讼

232．索赔程序不包括（　　）。

A．提出索赔要求

B．报送索赔资料

C．领导责任

D．仲裁与诉讼

233．索赔程序不包括（　　）。

A．提出索赔要求

B．报送索赔资料

C．工程师答复、工程师逾期答复后果、持续索赔

D．领导责任

234．关于反索赔，表述错误的是（　　）。

A．反索赔是相对索赔而言

B．反索赔是对提出索赔的一方的诉讼

C．反索赔通常主要是指发包人对承包人的索赔

D．反索赔是对提出索赔的一方的反驳

235．关于反索赔，表述错误的是（　　）。

A．反索赔是相对索赔而言的

B．反索赔通常主要是指承包人对发包人的索赔

C．反索赔通常主要是指发包人对承包人的索赔

D．反索赔是对提出索赔的一方的反驳

试 题 答 案

第一章 绪 论

1-5 DCBCD
6-10 CDDCB
11-15 DCACD
16-20 DACCC
21-25 DABDB
26-30 BCCCB
31-35 DBDDC
36-40 CBCAB
41-45 DBACC
46-50 ACCDA
51-55 ACDAA
56-60 DCDCD
61-65 DABBD
66-70 BABAA
71-75 ABCDD
76-80 DBBBD
81-85 DCDCA
86-87 AB

第二章 建设项目招标

1-5 BCCBB
6-10 CABDA
11-15 BCCCA
16-20 ACBBA
21-25 DADDD
26-30 DDABB
31-35 DBBAB
36-40 CDBAA
41-45 ABDDB
46-50 BABDD
51-55 DDABA
56-60 BDCCB
61-65 CBABB
66-70 DACAD
71-75 DCDBA
76-80 ADBBD
81-85 CADCA
86-90 BAACC
91-95 BAABB
96-100 ACCDC
101-105 ABDBD
106-110 BAACA
111-115 CBCBC
116-120 ABBCB
121-125 DABCA
126-130 CDCBC
131-135 BACBD
136-140 CBAAD
141-145 BCACD
146-150 DAADB
151-155 CCCDD
156-160 CADDD
161-165 BDABB
166-170 ACDAA
171-175 ABADD
176-180 ACDCD
181-185 DAADA
186-190 ABDDA
191-195 BAABD
196-200 BBBDD
201-205 BABAB
206-210 ADDBB
211-215 BCBDD
216-220 CCCDA
221-225 ABACA
226-230 DDBAC
231-235 ABABB
236-240 CDCAD
241-245 CBABB
246-250 DCBBC
251-255 DCADA
256-260 DCDCD
261-265 ACBDB
266-270 ABCDB
271-275 ACBDC
276-280 ADBDD
281-285 BCAAC
286-288 DBB

第三章 建设项目投标

1-5 ADADD
6-10 DCCBB
11-15 CBACA
16-20 DCBAC
21-25 BCCDD
26-30 ABBAA

31-35 ADDAB
36-40 BABDB
41-45 DCBAB
46-50 AABDA
51-55 DADAA
56-60 DDCCA
61-65 BAABC
66-70 BACCD
71-75 DCBCA
76-80 AADCA
81 C

第四章 合 同 法

1-5 ADBBA
6-10 BCCAD
11-15 DBBCD
16-20 CBACA
21-25 BCDAD
26-30 BBCAD
31-35 CBBBC
36-40 DACDC
41-45 ABCDA
46-50 BCDAB
51-55 CDCAD
56-60 BABCA
61-65 BCDAB
66-70 CDDDA
71-75 ABCDA
76-80 BCDBA
81-85 CDABC
86-90 DABCD
91-95 ADBCD
96-100 ABCDA
101-105 BDCAD
106-110 BCCAB
111-115 CCDBA
116-120 CDDAB
121-125 CDBCA
126-130 DCBAB
131-135 ABCDA
136-140 BCDAB
141-145 CCDCA
146-150 BDABD
151-155 CCABD
156-160 CABDA
161-165 BCDDA
166-170 BCDAB
171-175 CDABB
176-180 CDACD
181-185 ABCDD
186-190 CBABC
191-195 DACAB
196-200 DABCD
201-205 ABCDA
206-210 BCDAB
211-215 CDADC
216-220 BABCD
221-225 ABCDA
226-230 BCDDA
231-235 BCDAB
236-240 CDADC
241-245 BABCD
246-250 ABCDA
251-255 BCDAB
256-260 CDABC
261-265 DABCD
266-270 ABCDA
271-275 BCDAB
276-280 CDACB
281-285 DABCD
286-290 ABCDA
291-295 CBDCB
296-300 DAABC
301-305 DDABC
306-310 DABDC
311-315 ABCDA
316-320 BCDAB
321-325 CDABC
326-330 DDABC
331-335 ABCAD
336-340 BCDAB
341-345 CDABC
346-350 DABCD
351-355 ABCDA
356-360 BCDAB
361-365 CDABC
366-370 DABCD
371-375 ABCDC
376-380 DABCB
381-385 ADBCD
386-390 CABDA
391-392 BC

第五章 建筑工程施工合同示范文本

1-5 ABCDA
6-10 BCDAB
11-15 CDABC
16-20 DABCD
21-25 ABCDA
26-30 BCDAB
31-35 CDABD
36-40 CABCD
41-45 BCABC
46-50 ADBCA
51-55 BBDAB
56-60 CDABC

61-65 DABCD
66-70 ABCDA
71-75 BCDAB
76-80 ADABC
81-85 DABCD
86-90 ABCDC
91-95 BADAB
96-100 CCABC
101-105 CDABC
106-110 DDABC
111-115 DABBA
116-120 BDDDC
121-125 DABCA
126-130 BCDAB
131-135 ADABC
136-140 DABCD
141-145 ADBCA
146-150 DDDAB
151-155 CDABC
156-160 DAACB
161-165 BACDD
166-170 DCABB
171-175 ADACD
176-180 BBABC
181-185 CDAAC
186-190 BBACC
191-195 DCDAC
196-200 ACABB
201-205 CCDAD
206-210 DCAAC
211-215 AABAD
216-220 DCCBA
221-225 DDBAB
226-230 CDADC
231-235 ABCBA
236-240 BABDC
241-245 DDCCA
246-250 ABCDA
251-255 BCDBA
256-260 BBCCC
261-263 ABD

第六章　施工合同条件、施工合同的签订与管理

1-5 CBBDB
6-10 ABACA
11-15 CBACA
16-20 BABBB
21-25 BBBCA
26-30 DDDCB
31-35 ACACA
36-40 CDCAA
41-45 ABCDA
46-50 ABBCC
51-55 DDDAC
56-60 ACCCC
61-65 DADBD
66-70 ADABA
71-75 AAABD
76-80 BAAAD
81-85 CABAB
86-90 CDAAD
91-95 CDDBA
96-100 DCCCB
101-105 DCCAD
106-110 CCAAC
111-115 AABAD
116-120 ABABB
121-125 CDBCD
126-130 ABDBB
131-135 CAAAC
136-140 DDDCB
141-145 BAAAB
146-150 CCDBB
151-155 CBACD
156-160 AABAB
161-165 ACBCC
166-170 CCCCB
171-175 CCCAA
176-180 AAAAA
181-185 BABBA
186-190 BABDA
191-195 BAAAD
196-200 CBBAA
201-205 AAAAA
206-210 AABCD
211-215 BBADA
216-220 AADCB
221-225 ADDCB
226-230 DBBAA
231-235 DCBAA
236-240 ACBAB
241-245 BBBCC
246-250 CBBBA
251-255 CCDDD
256-260 DCCDB
261-265 AAADD
266-270 CDDAB
271-275 BCDAA
276-280 DDACA
281-285 BCDDB
286-290 ACBCD
291-295 CABDC
296-300 CCBBB
301-305 BABCC
306-310 ABABC
311-315 AAABA
316-320 DCAAA
321-325 CBCCD
326-330 CBCAD
331-335 BBBBA
336-340 DAAAC
341-345 DABAC

346-350 DAABD
351-355 AABDD
356-360 DDDDD
361-365 DCCCD
366-370 BBCCD
371-375 DDDDD
376-380 BBDDD
381-385 DABBD
386-390 DDDAB
391-395 BCCCD
396-400 CDCCA
401-405 DABCD
406-410 BABAB

第七章 施 工 索 赔

1-5 ABCBA
6-10 CCBBA
11-15 ADCBA
16-20 AAAAD
21-25 DDDCD
26-30 AABCD
31-35 CCABB
36-40 BBCBD
41-45 DDDDD
46-50 DDBAA
51-55 DDDDD
56-60 DDDAB
61-65 BAAAB
66-70 DCDAA
71-75 AABDC
76-80 CCCAD
81-85 CCCCD
86-90 DDABA
91-95 CACBC
96-100 DDACB
101-105 ADDAA
106-110 CCCCD
111-115 CBADC
116-120 BACCA
121-125 CACBC
126-130 CDCAA
131-135 AAABD
136-140 DDDAA
141-145 DBDBC
146-150 CBBAB
151-155 AAABB
156-160 BCBAD
161-165 DDDCB
166-170 CBDCB
171-175 DDDCC
176-180 BACDB
181-185 DAAAC
186-190 BAAAA
191-195 DDDDD
196-200 DDDCC
201-205 CDAAA
206-210 BBBBB
211-215 BCCDD
216-220 DDAAA
221-225 ADDDD
226-230 DDDDC
231-235 CCDBB